进阶

用商业思维规划你的人生

自我的SZ —— 著

中国铁道出版社有限公司
CHINA RAILWAY PUBLISHING HOUSE CO., LTD.

图书在版编目（CIP）数据

进阶：用商业思维规划你的人生 / 自我的 SZ 著 . —北京：
中国铁道出版社有限公司，2024.6
ISBN 978-7-113-31032-5

Ⅰ.①进… Ⅱ.①自… Ⅲ.①人生哲学 - 通俗读物 Ⅳ.① B821-49

中国国家版本馆 CIP 数据核字（2024）第 040054 号

书　　名：**进阶——用商业思维规划你的人生**
　　　　　 JINJIE: YONG SHANGYE SIWEI GUIHUA NI DE RENSHENG
作　　者：自我的 SZ

责任编辑：巨　凤　　　　　　**电话**：（010）83545974
编辑助理：刘朱千吉
封面设计：仙　境
责任校对：安海燕
责任印制：赵星辰

出版发行：中国铁道出版社有限公司（100054，北京市西城区右安门西街 8 号）
印　　刷：三河市宏盛印务有限公司
版　　次：2024 年 6 月第 1 版　　2024 年 6 月第 1 次印刷
开　　本：880 mm × 1 230 mm 1/32　**印张**：6.25　**字数**：125 千
书　　号：ISBN 978-7-113-31032-5
定　　价：62.00 元

前言

很多人有一个认知，那就是"宁为鸡头，不为凤尾"。真的是这样吗？在生活、工作和创业方面，我个人更推崇"宁为凤尾，不为鸡头"。

我对儿子的教育理念是，一定要进入更高阶的环境，而不是满足于在自己的地盘上永远当王者。即使你在一个小环境中表现出色，也只是一个小环境而已。

儿子上小学时，就读于南山区排名较低的小学。由于工作繁忙和母亲生病，我未能给儿子成功办理转校。儿子在小学的成绩一直排名前三，老师表示，如果儿子能考入华侨城中学（普通中学），应该能一直保持前十名的成绩。但我告诉儿子，人不能在一个环境中永远停滞不前，虽然你现在表现出色，但你应该树立一个远大的理想，努力进入更高层次的环境。因此，我鼓励他向深圳最好的中学——深圳中学努力。

我把我的意见也跟老师们交流了一下，虽然老师们对此并不抱有信心，因为深圳中学已经多年没有录取过他们学校的学生了，但他们非常支持我的想法。于是，儿子在我的建议下以深圳中学录取前 100 名的成绩作为目标，同时我让儿子加入了深圳中学的"3+2"竞赛体系。在这个过程中，我打破了"宁为鸡头，不为凤尾"的传统思维。

"宁为鸡头，不为凤尾"这种思维方式会潜移默化地影响一个人的选择。虽然看起来光鲜亮丽，但成长空间却很有限。

在工作中，如果你有两个选择：一个是小公司的主管，另一个是大公司的普通职员，我建议优先选择大公司。这是因为大公司和小公司有着不同的流程和制度。在大公司中，你的思维和观念会受到完善的流程和制度的熏陶，你接触到的人的素质也会较高（特殊情况除外），所获得的价值也远远大于小公司。**这就是我想送给每个年轻人的话："宁为凤尾，不为鸡头。"**

那么，在成长的道路上，如何规划自己的人生呢？我认为最重要的是培养"护城河思维"。

有句名言说得好："人无千日好，花无百日红。"每个人在不同的阶段，都需要建立起属于自己的护城河。因为成功并非总能实现，但立于不败之地才是关键。无论是在职场还是商业领域，我们都应该具备这种思维。那么，如何建立自己的护城河呢？

（1）储蓄。无论收入多少，我们都应养成每月强制储蓄的习惯。刚开始时，储蓄比例可以是10%，也可以根据个人收入进行调整。养成储蓄习惯后，我们会对自己的消费和收入有更清晰的认识。

（2）提升。如职场上的晋升计划、薪酬的增加、专业技能的提升、副业的开拓及人际资源的拓展等。根据自身情况，制订一个年度提升计划并付诸实践。

（3）学习。学习是终身且多方面的过程，如果你想在专业上快速提升，就应该将时间用于刀刃上，并进行持续学习，最终将所学知识学以致用。

（4）投资。储蓄达到一定金额后可以进行各种定投、理财或投资基金股票等，但我们必须将风险控制在自己能够承受的范围内。投资理念是先保本再赚钱。资金大小应根据个人收入来决定，对于某些人来说，100万元可能是小钱，而对于另一些人来说，十万元可能就是全部身家。

（5）配比。许多人将钱和精力都集中在一个领域，这样抗风险能力较差。无论何时，我们都应该学会配比。例如，我们可以将储蓄分为四个部分：保本增值的钱占40%，高风险高收益的钱占30%，保命的钱占20%，急需用的钱占10%。这样，即使某个领域出现风险，也不会对生活造成太大影响。但如果我们将所有钱和精力都集中在一个领域，风险较大，万一出现问题，连调整的机会都没有。

此外，除了主业外，我们还应该抽出20%的精力来开拓与主业相关的业务，以拓宽思路和开阔眼界。即使这20%的精力没有带来太多收益，但这种思维方式会带动主业的营收增长。

最重要的是，护城河思维并非一蹴而就，而是长期主义者才能拥有的。因为人的一生，犹如一条半圆形的曲线：出生后从圆的一端开始爬坡，20岁刚刚踏上坡路，30岁时已经爬到半坡，40岁时已接近坡顶，而 40 岁之后便开始下坡。也就是说，在爬坡的过程中我们需要建立好下坡的护城河思维，让自己在下坡的过程中收入大于支出，让自己的下坡能更缓、更稳。所以，风险控制很重要。

本书包括 11 章内容，涉及格局、学习、家庭、职场等多个主题，针对每个主题，都以案例带入讲解，有成功的经验，也有失败的教训，希望能给将要进入职场的朋友以启迪，给正在职场或创业打拼的朋友以参考，愿每个人都可以有大格局，有商业思维，活出最精彩的自我。

目　录

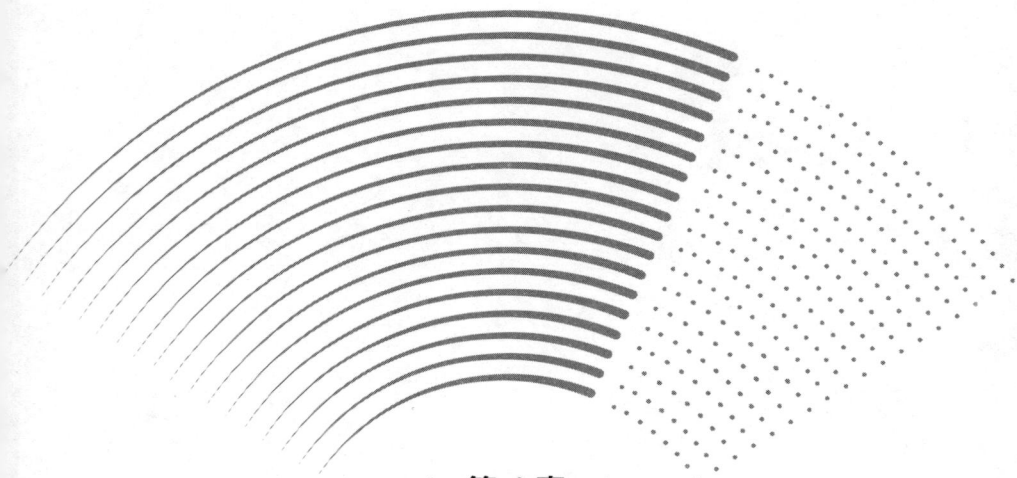

第 1 章

格局，决定结局

谋大事者首重格局。

格局是什么？每个人对格局都有不同的定义。在我看来，格局来源于一个人敢于尝试的胆量，对人、对事的责任心，对企业的使命感，对各行各业的见识，以及长久发展的眼光。不同的格局，决定了人生会有不同的结局。

1.1　你重视什么，什么就有价值

格局说起来很大，包含的方面也很广。你喜欢的任何事物，都需要落实到对自己有用且用得上，这样才能帮助你实现最大化的人生价值。

1.1.1　树立全局观，人生的台阶才会越走越高

要树立全局观，善于规划，人生才能走得更远。人与人之间，从刚踏入社会和职场开始，就存在起点上的差距，可能是学历上的不同，也可能是企业规模的差别。然而，经过五年、十年后，为什么有些人的差距会达到十几甚至二十级台阶呢？

因为大部分人在做事时，只是专注于完成手头的工作，并且习惯性地关注眼前的事情或自己的事务。这并没有错。但是一件事不会独立存在于一个空间，而是与许多事情都有关联。如果一个人想要走得更远，就必须树立全局观。全局观是什么？就是能够举一反三，不仅要做好现在的事情，还要提前规划好未来相关的事情。

我以前曾做过几位领导的助理。某次，领导打算要与几位客户一起共进晚餐，让几位客户尝尝我们单位的员工餐，于是让我安排一个位置，并确保通知到位。其他助理通常只是随便在餐厅找个位置，安排好接送事宜即可。只要客人们吃得好，助理就会感觉自己的工作完成了。

而我的做法不同。我会详细了解这几位客户的背景情况，然后提前一天打电话通知对方。对于客户 A，我说："王总，我看了贵公司生产的数码产品，在《电脑报》上销量排名前三，××型号还获得了新锐设计奖。我很期待在用餐时听听您对这款产品的设计理念。"对于客户 B，了解到他来自香港地区，我说："考虑到李总的口味可能比较清淡，我特别让厨师增加了两道清淡的菜。您看是否合适？不合适我可以立即更改菜单。"对于客户 C，我说："陈总，您住在离酒店较远的三水地区，晚餐后再回去时间可能会有点晚。我已在单位附近给您预订了一间房间供您休息。如果您有工作需要回去处理，我也可以安排司机送您回去。"

通过这样的安排，客户对我留下了深刻的印象。第二天，我会与领导一起观察他们在就餐时的表情、行为，分析谈话内容，以判断他们的未来订单和工厂的发展方向。这样，领导就能通过这次就餐获得所需的信息。后来，这些客户们也开始单独与我共进晚餐。通过每次领导安排的任务、与客户的接触，我从中也学到了很多知识和处理问题的方法。

日常和朋友们聚会时，我也注重思考。比如，我的一位朋友 A 在电商行业工作，在与他聊天时我就会联想到将来可能的合作机会；朋友

B 是工厂的负责人，与他聊天时我可以了解到相关行业的行情变化；朋友 C 是全职太太，与她聊天时我可以获取到她日常生活的各种细节和需求。

即使是朋友们聊天，也要具备全局观念，要在脑海中搭建架构。要多思考，不要只盯着眼前的事物，要训练自己既能看清当下状况，又能具备远见卓识和整体性思维。

只有持之以恒地培养全局观念和长远眼光，我们才能在人生的道路上不断攀登新的高峰。

1.1.2　对自己的认可，改变思维未来才不迷茫

一个人对自己的认可是自信的表现。然而，很多人将自信建立于他人的认可之上，活在他人的言语约束和目光中。人和世间万物都是多样的，没有必要追求一个让别人都认可的版本。

首先，你要认可自己所做的一切，以及表达的观点都只是你内心自在的映射，而不是为了迎合别人的期望。无论你的生活方式如何，喜欢你的人依旧会喜欢你，而不喜欢你的人依旧不会喜欢你。所以，只需为那些欣赏你的人而努力，无须为不喜欢你的人而改变。

曾经有一个粉丝问我："从文职工作转向销售工作，害怕面对面聊天和电话销售，没有人际资源怎么办？"销售是年轻人突破收入上限的最佳职业之一。如果我们选择了这个职业，就应该积极训练自己的弱

项，而不是放任它的存在。

思维的转变至关重要。在进行销售时，沟通聊天需要大量的素材、经验和专业术语以及情商等能力，以便与客户进行互动。因此，如果你跟这位粉丝的困惑一样，最好购买相关书籍进行反复练习。在镜子前模拟对话几遍后，再与身边的人进行实际互动，以打破恐惧心态对你的困扰。

如果销售工作做得好，意味着人际关系也能处理得较好。现在的关系不再是单一的，每个人都与他人有着各种直接和间接的人际关系，单位的人际关系和客户关系同样重要。因此，给自己设立目标，将步骤分解，勤加练习，运用到实际工作场合，在这个过程中让你的人际关系流动起来。一旦进入良性循环，你就会自然而然地有信心处理好人际关系。

1.1.3 走在别人前面，格局决定人生高度

我公司的副总有一个女儿（我和这位副总从小就认识，她的女儿也和我比较熟悉），去年高考没考好，只能进入一所三本大学，所学专业可能也没有太大的竞争力。因此，她整个人的精神状态非常不好。于是，我建议副总在暑假期间带她到我们的办公室，让她每天来观察上班的哥哥姐姐们是如何工作的。

经过几天的观察，我发现这个女孩每天都在专心致志地看书。有一

天，我和她在办公室里聊天，我告诉她："你现在在大学的目标其实很简单，除了学好每门功课外，就是要找准你专业的就业方向，了解招聘岗位对所学专业的需求，有针对性地加深和强化。

"如果招聘的岗位要求有工作经验，那么你就可以在每个寒暑假去实习或兼职，只要是相关岗位，不管工资多少和公司规模大小，都可以积累到经验。这样你就在思维转换上超越了同龄人一步。

"当同学们还在玩游戏或读书时，你已经为未来做好了准备。每走一小步，你就会比别人前进一大步。

"想在别人前面，走在别人前面是一个中学生在进入大学时就应考虑的问题，而不是等到大学毕业后再思考。"

我还给她讲了一个我朋友的案例：我朋友有一个客户李总，他是我们行业内的人，我们相互认识。他的工厂前段时间因经营不善倒闭了，在工厂倒闭之前，他欠了几个供应商几百万元，欠款最多的就是我的朋友。

李总是一个纯技术派，一心只想做有创意的产品。工厂倒闭后，他没有跟供应商公开信息，担心被催债，于是选择了东躲西藏。许多供应商得知李总躲起来的消息非常生气，就联合起来找李总。他们找到李总后，报警并将他送进了派出所，最后被定为诈骗罪。

我的朋友仔细分析了情况后，因为了解行业内的情况，知道他并非故意倒闭，就决定去保释他，并打算给他八万元让他研发一款游戏产品。我们特别不理解他为什么要这样做，他说："如果他被判刑入狱，他将永远无法偿还我的债务。而且，如果他离开一段时间再回来工作，他的技术能力、钻研能力和创新能力可能会落后于市场。既然我已经亏损了几百万元，我不如给他一些钱，让他有能力重新开始。只要他能够重新开始，我就有可能收回这笔款。"

果然，李总离开深圳去了广东某地，拿着我朋友给他的八万元，开发了一款游戏。一年后游戏开始盈利，他还了当时欠我朋友的一大部分钱。

这件事对我影响很大，也让我对我朋友有了新的认知——他在做这件事之前，具备了对全局的敏锐判断力、宽广的胸怀以及对游戏产品上市的预测力，才能下定决心帮助李总。

很多人的人生经历和知识面相对单一，对事物的看法常常非黑即白。一方面，他们生活的环境局限了他们的见识，每天只能往返于家和单位之间，无法接触到各行各业的人和多样化的信息；另一方面，媒体传播平台上呈现的知识大多是筛选过的版本，这也导致了我们对事物的判断常常只有标准答案。

然而，经历过很多事情的人都明白，单纯的非黑即白是无法解决人生中遇到的各种问题的。

所有的解决方法都不在书本里，而是在每一件事情的经历和解决中产生。我们需要从过去和现在大量的现实案例中学习和积累经验。

1.1.4　你喜欢的任何事物，都需要落实到有用且用得上

你喜欢的任何事物，都需要落实到有用且用得上这个基本面上。因为进入社会后，我们所做的一切，都是为了让自己生活得更好。

首先，有用体现在学习技能上。也许这些技能今天用不到，但是在将来的某一天可能会用到，这就是有用。

其次，有用表现在人际交往上，不管是网络上还是现实中。关注一个人，不要单纯看其身份，而要从两方面来考虑：第一，在思想和行为上对你的生活和事业有无借鉴学习之处；第二，精神上能否给你带来鼓励。

举个例子，我在微博上关注了一些教育博主，是因为他们经常发一些学习的方法，方便我在教育孩子的过程中可以借鉴。我还关注了一位名人，每当我工作遇到不顺心或有压力的时候，他的歌曲总能带给我很多力量，让我重新热血沸腾。

现实中，有些人的社交以舒服型为主，就是和这个人在一起感觉非常舒服，可能双方的资源都用不上。有些人的社交以合作型为主，就是与每个人都建立合作的关系。我认为，这两种社交可以互补，舒服型的社交可以带给你内心的舒适和疗愈，合作型的社交则可以助你工作的顺利。

不管你月薪多少，想要改善这个基本面，就要在与人交往时学会观察人，从交谈中发现让你幸福和幸运的关键词，让这些词汇变成你的能量。

1.2 机会留给有准备的人

人生很长，但不要觉得自己还年轻，机会总是留给有准备的人。我们要有紧迫感，在日新月异的时代，一不小心就会被甩到最后，想要再往上走就会变得很难。

1.2.1 永远不要觉得自己年轻

永远不要觉得自己还年轻，有大把时间可以慢慢来。上次小助理来到我的公司，跟我聊起关于年轻人的话题。很多年轻人认为自己年轻，每天玩一玩、学一学，到了中年也能拥有些什么。这是大错特错的想法。

如果你22岁大学毕业进入社会，或者研究生毕业（24岁或25岁）进入社会后，你真正的人生黄金期只有10~15年，具体要根据你所在的行业、个人能力及资源来决定。就像现在的股市，无论你是上亿元进场，百万元进场，还是1 000元进场，牛市只有那么三天。而以后的熊市，就像35岁以后的你，根据你牛市中赚到的账户中的余额，来决定你后续的生活。

所以说，在35岁或40岁之前，如果你不完成一定的社会积累，按照目前社会的高速发展进程，后面的生活可能会比较艰难。那么怎么做才能尽力让自己在中年以后的生活不过于窘迫呢？那就是一进入社会，在前几年内找到带路人，找到正确的平台，认清正确的方向。这三者缺一不可。

（1）带路人。带路人对年轻人来说至关重要。很多年轻人有拼劲、有想法、有抱负，但是缺少一个好的带路人，自己凭着一腔热血摸爬滚打，方法并不是不奏效，而是你骑自行车再快，也比不过搭载你的汽车速度快，让汽车捎你一程，可以更快到达目的地。而且，与带路人一路同行，看到的风景、学到的能力远远比一个人绞尽脑汁琢磨更加透彻。所以，在一个平台里，踏实肯干是必须的，同时，跟对师傅也很关键。

（2）正确的平台。选择有时候比努力重要。无论你做什么，要根据时代的趋势变化来选择正确的赛道，不要与趋势对抗。行业的变化，要特别关注，对行业的信息要高度敏锐。

（3）正确的方向。步入社会后，学校里学到的知识，不能帮我们解决工作中的所有问题。所以，在做任何事之前，首要考虑的不是自己能不能干得下去，而是做这件事的方向是否正确？在方向面前，人的力量反而并不是最大的因素。方向正确，努力才能让效果翻倍；方向错误，跑得再快也是南辕北辙。

年轻的时候，不要浪费时间，这个道理越早明白就越早受益。关注我的人都知道，从进入职场那一刻起，我就不停地在寻找方向的带路人，去结识比我年长很多的人。让这些人做我的带路人，他们的经验和经历，让我少走了不少弯路。（我的朋友的平均年龄比我大 10~15 岁。）

在我创业后，平台是我自己的，正确的方向于我而言就是重中之重。任何人都害怕被社会淘汰，所以清零思维是必不可少的，我们应该广泛涉猎，不断充实自己的学识和经历。社会发展得太快，行业迭代得太快，这样我们就不会害怕被时代所抛弃。要知道，缺钱并不可怕，缺少与时代竞争的能力才是最痛苦的。

希望年轻的朋友把这三点记住，把握好宝贵的这 10~15 年黄金时间。

1.2.2　不要让变化成为压倒你的大山

2022 年的某日上午，我在路上开车，大哥给我打来电话，一是感谢我几次投资他的酒店，二是希望我帮他出出主意。

他的工厂倒闭后，在广州的公寓住了几个月。他一门心思要投资酒店，计划书给我看了以后，我根据他的实际情况，帮他一一分析，列出的可行性方案都被我否决了。最后我让他做一个轻投资的产业，选来选去，他选择了公寓出租。

2021 年 12 月，他从村民房东手上承包了上百间房，将所有积蓄投入到装修中，将其改成单身公寓和小套房，出租给上班的人群。没想到，房子刚装修完，就遇到了特殊情况，结果积蓄所剩无几，公寓也无人租住，最后心生焦虑，焦躁不安。

我和大哥同样是 40 岁出头，我们最大的区别就是大哥对新生事物的接受度低，总是活在原来的认知中，不注重提高自身思维能力，而我从来没有停止过接受新生事物和学习。我曾经批评过他，三年不学习，再年轻也会被边缘化。

在特殊时期，有的人在家待了近三个月，每天睡到自然醒，坐等开工时间，但有的人在家却比在工作时间干的活还要多。我没有在那段时间荒废，每天思考工作如何变得更高效，如何让每天过得有意义，甚至想到了如果要在家里待半年，我应该如何面对。

所以，在变化的环境中要探索变化的工作和生活方式，不要让变化变成压倒你的大山。

1.2.3　做事，一定要有规划

做事一定要有规划，比如在某个时间段想学会什么技能？想达到什么职位？以结果为导向，一步一步地推进，坚持三年、五年，就能比同起跑线的人强一点。

（1）做任何事都要付出代价，但也会收获成长，这是本质。

（2）想要实现价值和获得成长，需要很好的人际关系。

（3）要找到领路人，找到公司重视的版块和人才，向他们学习。

（4）很多人在职场上总觉得周围的人这里有问题，那里有缺点。切不可用这种内耗影响自己。

（5）总有人说不要和同事真正交朋友，我认为这不是绝对的。团结合作为先，充分发挥自己的优势，也充分学习别人的优势，叠加在一起才能助力走得更远。

（6）多干一点，锻炼自己的领导力，想要晋升，就必须走到半山腰处。

（7）情商低，没有配合思维的人很难走到领导层。

（8）向上管理，让领导发现你的能力。

1.2.4 不要害怕社交

有些人对社交感到害怕，认为社交是一项非常复杂的任务，甚至在脑海中构思了无数个场景和画面。然而，社交是一种能力，也是一种可以在职场、生活和创业中为我们加分的能力。在与他人交往时，有以下几点需要特别注意：

（1）尊重他人，遵守社交礼仪。无论对方的身份如何，你的身份如何，双方都应该平等对待并尊重彼此，同时在社交场合中表现得得体且有分寸。

（2）自信、勇敢表达，并能够引导他人与你互动交流。

（3）乐于分享。对于身边的朋友，如果他们喜欢我的东西，我基本上都会送给他们。比如，当有人对我的护膝感兴趣时，我会先让他们试戴一下，如果他们喜欢并且觉得能解决他们的问题，我会很乐意买了并送给他们。

（4）愿意帮助他人。当看到别人有任何需要帮助的地方时，我会主动伸出援手。

（5）拥有广泛的兴趣爱好和知识面。这是扩大朋友圈的关键，因为很多人聊了半小时后就会陷入无话可说的尴尬境地。在这种情况下，你的知识面越广越深，就越容易找到与对方共同感兴趣的话题，从而更容易与他人建立友谊。

（6）忘记身份和年龄。交朋友没有身份和年龄的限制，只有是否愿意交流和是否能够找到共同话题。

笔记栏

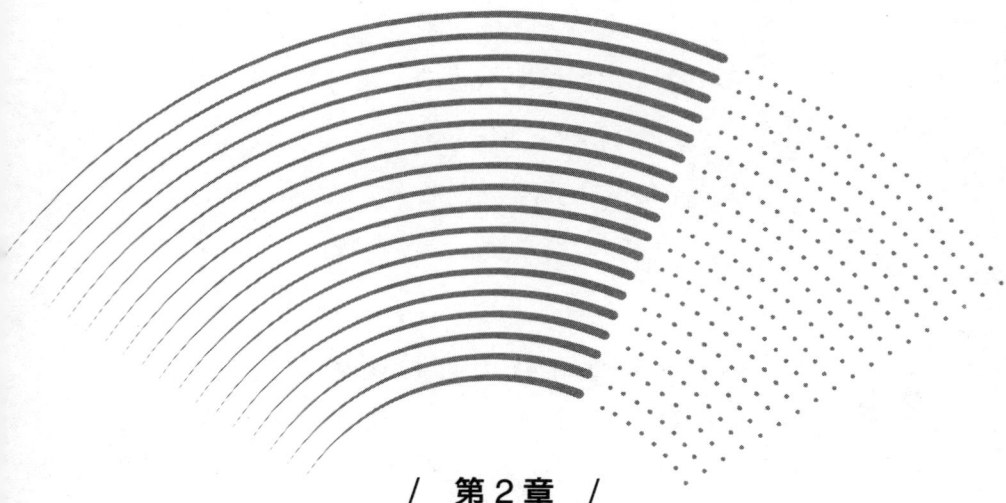

第 2 章

学习，是最好的投资

任何停止学习的人都已经老了，
　不管是二十岁还是八十岁。
　不断学习的人永远年轻。

——亨利·福特

成功需要成本，时间是一种成本，对时间的珍惜，就是对成本的节约。最好的投资是学习，把时间放在学习上，投资永远不会失败。

2.1　成功者都是善于学习的人

成功者都是善于学习的人，学得越多，知道得就越多。学习不为人生设限。人生需要面临和适时选择一些风险，要学习如何度过低潮期。人生拼到最后，拼的是抗压能力和调整心态的能力。

2.1.1　自身学历不高，工作也一般，要如何改变现状

有位粉丝在后台留言："本人目前 30 岁，性格比较内向。2019 年 11 月前，我在老家经营一家广告设计店，时间长达十年。但由于个人原因，我离开了老家，并于 2020 年 2 月来到上海。然而，直到 4 月我才确定了自己的工作方向，希望将来从事运营方面的工作。我在这两个月里投递了很多简历，但由于只有中专学历，没有收到任何公司的录用通知，我不知道该如何改变现状。"

每个人都会在人生的某个阶段感到迷茫，而职业方向的选择通常需要我们具备一定的能力后才能进行规划。我给了他几条建议：

（1）首先要调整自己的心态，不要因为理想的丰满就放弃了现实的骨感，先找一个能解决生存问题的职业，同时利用业余时间考大专，等

大专文凭到手后，再寻找与自己擅长的广告行业相关的工作机会。

（2）性格内向的人，焦虑感会比其他人更强烈。我认为，无论从事什么类型的工作，学习能力都是非常重要的。我建议可以多看设计网站上的作品，借鉴他人的设计来提升自己的设计创意能力。只有通过不断练习和深入理解，才能激发灵感。此外，沟通能力和表达能力的提升也是非常重要的。多走出去看看，多与人交流，可以发现灵感并碰撞出不一样的"火花"。

（3）不要过分焦虑。这只是人生旅程中的一小段插曲，要相信办法总比困难多，要坚持下去。

2.1.2　学习是创造财富的工具

有人喜欢把主要工作外的事业叫副业，我喜欢把副业称为机会，机会存在于每一个人身边，只不过有的人看到了，有的人看不到。

很多人问我："为什么我在创业时能够想到股权分配合理、组织架构清晰、职责划分明确？我是如何学习相关知识的？大概学了多久才开始创业的？"

其实，最大的原因是我的工作经历比较多，我在基层的很多重要岗位都工作过，每个岗位，我都认真学习相关的岗位经验，且做得比别人出色，同时还具备领导力思维，即如果我是领导，应该怎么思考、怎么决策。这样下来，我不仅是公司升职最快的员工，还在各级领导身边学到了很多全面的知识。

当我上升到管理层的时候，自己的创业也就开始试营业了。碰到各种问题，我都不会发怵。之前学习的各种经验会成为我的铠甲，变成了我的第一生产力。我每年在知识付费和线下学习投资的费用大概为 8 万元～20 万元，那么我学会这些知识和技能之后都能用得上吗？不一定，我学习的目的是想了解不同人的思维和观念，拓宽自己的眼界，从中得到一些启发。除此之外，为了让孩子培养兴趣，也给孩子报了一些课程，虽然每节课的费用都不低，但我的想法是让他长见识。

所以，如果想要创业，就必须提前让自己进入角色，抱着永远学习的心态，向身边比自己强的每一个人学习，在事上练习，让学习成为创造财富的工具。

2.1.3　通过读书，成为时间管理者

由于工作原因，我平时主要阅读的书籍是商业管理、文学和技术类相关的著作。在商业类作品中，我一直喜欢阿耐的作品，并且多次阅读，因为她作品中的故事与我经历的很多事情相似。

我会将日常所阅读的学术著作及文学著作中的精华运用到日常工作和生活中。通过阅读书籍，我锻炼了时间管理的能力，而且我将这种方法教给了我的儿子，他也可以很好地管理自己的学习时间。我是这么做的：

每天早上把时间划分阶段，精确到 15~30 分钟为一段。同一段时间内，我可以同时处理几项日程，比如炒股、处理工作，不浪费每一分钟。这样一来，我可以保证每一分钟都在进行有意义的工作，而不是消磨时间。久而久之，我就养成了同时处理多项任务的习惯，提高了效率。即便在我发微博的时候，加上回复粉丝留言，也不会花费超过一个小时的时间。从早上九点到晚上十一点，我都可以保持高效的工作状态。

2.1.4 何为分享，是否每条分享都要"有用"

分享是要分享对大家有益的知识，能引起共鸣和碰撞，能给别人一些互帮互助的感觉，这样有交流、有价值才有意义，而不是只写文字和个人的"碎碎念"。

一个人要让生活中、工作中所有的事情都保持在正确轨道中有序运行真的不容易。在不伤害他人，不违反法律的前提下，尽量让自己活得真实一些、自在一些。一个人想要活得自在，前提是自己要有能力过好这一生，或者有一个最佳合作伙伴与你一起，双向奔赴，为了共同的生活自在而去努力。这两种选择，只要自己愿意接受，都是不错的。

有一天，我在小红书看到，有几个网友在某个帖子下面互相指责，其实没有必要。任何博主都不能保证自己的文章让所有人都能受益。每个人的生长环境、职业不同，对每一篇文章的理解和受益程度是不一样的，对有的读者也许是"干货"知识，对有的读者也许是完全没用，这些都是正常的。各取所需，若无所需就放轻松，权当听一听别人的故事。

2.2 人生不设限

人生不应该设限。当遇到困难时，告诉自己再多坚持一天、一周、一个月，甚至多坚持一年，你会收获令人惊讶的成果。只有那些不愿再尝试一次的人才会轻易被击败。

2.2.1 梦想与现实冲突时，怎么做

梦想是什么？我们拼尽全力是否就能实现梦想呢？

如果是，那就坚持下去。然而，我们不应与现实脱节。作为普通人，我们实现所有理想的第一步都是让自己过上更好的生活，有能力照顾身边的人。只有实现了第一步，我们才能追求更多。

当现实与梦想发生冲突时，我们需要审视自己所处的环境，看看是否已经实现了第一步。如果没有，我们就先专注于让自己和身边人过上好日子。

生存永远处于第一位。如果我们没有能力生存下来，那么即使心中有着美丽的梦想和远大的目标，也会变得虚幻不实。所以，我们应该先将梦想暂时搁置一旁，待自己的生存能力变得更强大时，离梦想也就又近了一步。

2.2.2　对自己要求高，是一件好事

孩子在某天晚上告诉我，他的一位同学被保送到中国人民大学附属中学读高中，另外一位同学进入了省竞赛队。几天后，当孩子和他的这两位同学一起吃晚饭时，进入省竞赛队的这位同学说他的能力太弱了，在奋起直追的路上被其他同学远远甩在身后。

如果前进的路上一直有人比自己更出色，那么自己的爆发力就会变得更强。我告诉孩子："妈妈有几位好朋友选择了芯片和金融行业，他们的收入是妈妈的好几倍，但是妈妈从未松懈，内心一直觉得要不断追赶。"

我们的身边总会有人比我们更出色，如果我们能够保持这种奋起直追的状态，就会对自己提出更高的要求，虽然压力很大，但在登顶后看到山巅的美景时，就不会害怕中间的辛劳了。

不要害怕压力，就怕没有动力去行动。毕竟，人生是有限的，但人生可以达到的高度是无限的。

2.2.3　很多事情，没有对错

许多事情并没有绝对的对与错，就像桌子上放着一张纸，上面写着一个"6"，我所看到的是6，而你看到的可能是9。

我们都没有错，每个人都有自己的立场和判断，这些立场和判断是

由个人的环境和视野所决定的。你的观点可能是正确的，但这并不意味着我的观点就是错误的。成熟的人明白世界是多样而不同的，他们能够接纳和包容不同之处。

2.2.4　不要轻易给一个人定义在一个框内

在评价他人时，我们不应轻易地将他人定义为某种固定的形象。没有任何一个人可以用一个词来完全概括，因为许多相反的特质可能会在一个人身上同时出现，例如大方和小气、外向和内向、霸道和随和等等。

比如有的人对身边的人表现得非常大方，但是他对与他不相关的人就表现得非常小气。如果我们试图用一个词来定义一个人的所有行为和特点，就像是通过一个有缺陷的镜子来观察事物一样，只能看到片面的一部分。所以，习惯用标签来定义一个人的行为和言行，是很容易忽略一个人的全貌的。

2.2.5　人生需要面临和适时选择一些风险

人生总会面临一些风险，并适时做出选择。我观察到身边的朋友们大多数都具备冒险精神，敢于承担风险。他们在每一个环节都会不断尝试、调整自己的状态以适应社会的变化，他们认为在竞争激烈的社会中，只有勇于先行者才有机会获得奖励。

风险的尝试最好在年轻时进行，因为此时资产少、调整快，即使失败了也有充足的时间重新开始。有时候需要谋定而后动，有时候则需要背水一战，这取决于当时的时机和你的选择是否匹配。最重要的是，要跟随大趋势，与趋势为伍而不是与之对抗。要相信自己的选择，一个人相信什么，未来的人生就会靠近什么。就像我相信，我每天都会过得很开心，生活和工作都会围绕着如何让自己过得开心展开。如果你不相信你过得很开心，那么任何机会和变化你都可能会视而不见。孩子也是一样，如果他相信自己能考上名校，家长不用天天吼，他也会努力学习；但如果他觉得自己不是学习的料子，再优秀的老师也无法帮助他。

给自己多一些尝试和选择的机会，承担自己能够承受的部分风险，成功率会提高很多。

2.3　如何度过低潮期

没有人能随随便便成功，所有人的心里都有诗和远方，但在追求诗和远方的时候，别忘了脚踏实地。

2.3.1　你的生活，真的没必要这么精致

昨天去美容店做护理时，我在等候区遇到一位男士，他正在玩电子

游戏，身上的衣服和包包透露出一股精致的生活气息。他在等待的人（他的爱人）正好由我熟悉的那位美容师服务。在等候的一个小时里，这位男士一直在玩游戏。他的爱人和他穿着相似的服装，从她护理的几个项目中可以看出，他们的消费水平不低。轮到我时，美容师注意到我在观察他们，便跟我聊了一些他们的故事——这对夫妻都是三十多岁，他们来深圳工作已有十年，一直租房住，孩子寄养在老家。他们的生活品质很高，那位女士是美容店的老客户，每周都会来做护理，周末他们还会去海边的民宿度假，一年消费近 20 万元，美容师很羡慕他们这种潇洒的生活方式。

他们的这种精致的生活方式或许对一些人来说会非常羡慕，而对于我这个年长的人来说，或许已成为过去时。年轻时，谁的内心都有诗和远方的一面，我也曾是那个追求精致热血生活的青年。然而，到了 25 岁以后，我就明白了生活和生存之间含义的转变。只有先确保生存得好，才能享受更好的生活。这对夫妻已经结婚并有孩子，但他们选择将孩子寄养在老家而不是带在身边教育。他们当下追求的是一种潇洒的生活状态，这似乎让周围的人羡慕不已，但到了中年时，他们可能会暗自后悔没有在有能力的时候建立起自己的事业基础。

在自己有能力的时候，适度的消费与高品质的生活是相匹配的。然而，在自己没有能力的时候，你需要舍弃自身的奢望，保持自律，并为提升自身能力和未来的发展而努力。一个曾经跟着我学习的四川女孩，如今她已经月入几万元，她从未追求过这种精致生活，而是一直脚踏实地地工作、生活。在过去的几年里，她在深圳购置了房产、汽车，并创办了一家小公司。

我们要追求精致的生活，但不能本末倒置。在满足基本的住房、交通和子女教育等条件后，如果还有足够的资金，才能过上精致的生活。否则，如果这些条件尚未满足，你所追求的精致生活只是在透支你的未来，并将你陷入"精致穷"的境地。很多消费主义会引导我们追求精致生活，让我们误以为只要消费了就代表活得很精致。然而事实并非如此。年轻时，我们应该学会积累资产，当资产达到一定程度后，再去体验精致的生活。精致的生活确实让人感到舒适，但最重要的是舒适的生活才会让我们变得精致。

2.3.2　特殊时期失业，要如何度过

那段特殊时期，我接到很多朋友的电话，有的跟我说公司难以为继，有的跟我说合伙面临拆伙，有的跟我说突然面临失业，有的焦虑到每天睡不着。

我的一个朋友 A，男，40 岁，在一线城市某新兴行业的一家公司担任副总。在进入这个行业前，他有过十多年其他行业的管理经验。由于特殊情况的影响，公司没有业务，于是公司被迫宣布停业。朋友 A 很颓废，对家人和身边的朋友也不敢倾诉，对未来产生了迷茫。于是，他拨

通了我的电话。

我跟他说，先把过去清零，然后给出了以下几条建议。

（1）首先预估最坏的情况到年底会不会得到好转，而且短时间内找不到合适的高管工作，所以需要及时调整自己的思路。

（2）永远不要停下来，无论你的资金是否紧张，都不要给自己心理暗示，认为自己有积蓄就可以休息几个月，一定要让自己动起来，先找到工作。因为只有动起来，很多负面的情绪才能得到排解。（工作不一定是最适合的，可以等时机合适再调整好的工作）

（3）不能有面子思维，活下去永远是第一位。以前你的职位是副总，可能现在只能做一个经理。以前的职位工资是五万元，现在工资有两万元也行。人要活出精气神，而不能只停留在薪水上，特别是在特殊时期。

（4）找工作时，最怕的就是越找发现工作机会越少。所以，先看自身人际资源有没有可以用得上的，多出去和别人聊天，多和朋友见面、串门，不要局限在自己这个行业内，别的行业也会有很多经验和机会。

（5）特殊时期，人人都会受到影响。这个时候不要把自己归入失败者的行列，就像股票一样，不是每天都会涨停，也会跌停。不要一跌停就否定自己，无论你跌多久，都会有上涨的时候。

（6）有苦不要诉，只找解决方法。人到中年，哪有那么多时间和心情矫情。要有逆向思维，当心情低落或事情向不好的方向发展时，一定要去思考其中积极的方面。养成这样的习惯，就不会有太多的焦虑。

（7）只要内心宁静，外界很多纷纷扰扰与你就没有很大的关系。你看看过去那些年，你认为焦虑的事情、过不去的时期，现在能想起多少？遇到什么事都不要慌，慌则乱。把情绪放在一边，先想解决方案永远是碰到问题的首要步骤。

2.3.3　在焦虑时，学会放松和安慰自己

人生怎么可能没有沉沉浮浮呢？经济压力大，就减少一点不必要的开支。杠杆过高，就卖掉一些资产过冬，不要把自己带入无法解决的境地。如果失业，就想想还有什么力所能及的生存方法。别把面子看得太重，活下去才会有更好的明天。

我虽然从来没有为生计发过愁，但是我体验过这种人生。1998 年，我偷偷跑到深圳找工作，父母极为不同意，只给我带了 800 元生活费。发了第一个月工资时，我报了电脑班，兜里只剩 200 元，又无人可借。于是买了 200 元的方便面，在宿舍吃了一个月。那段日子反而是我成长路上的一块基石。

所有的苦难，都是为了让你更好地品尝生活的甜蜜，它们不过是通往更美好生活的试味剂而已。人这一生到最后，拼的是你的抗压能力和调整心态的能力。这两项能力决定了你人生的谷底和你的高峰。未来很长，幸福可能会迟到，但不会失散。

2.3.4 力量的背后，更需要找一个倾诉的出口

当一个男人步入中年，环顾四周，发现身边都是需要他照顾的人时，他承受着巨大的压力，却没有一个地方可以倾诉和依靠。无论他拥有多少财富，情感上都很容易崩溃。

我有一个朋友最近情绪很低落，他告诉我："内心很崩溃，甚至有点想轻生。"俗话说得好，福无双至，祸不单行。当你遇到不好的事情时，坏事往往会接踵而至。

接踵而来的坏事让他精神上崩溃了。他的条件比较优秀，家中成员也一直依赖他，认为他一定会一帆风顺，但不巧的是他投资失败了，致使亏损较多。看到这里，很多人可能会觉得他是在无病呻吟。亏损再多，但至少家底还在。

事实上，我在出差途中和他通过几次电话，我特别能理解他的感受，拥有再多也不代表自己不会脆弱。当你想喘口气、休息一下的时候，却发现没有人可以替代你。无论是内外的事务，无论你是否愿意，都需要你一个人承担并解决。

一个人的力量越强大，越需要在感到无助时找到倾诉的出口，这样才能释放压力。当一个人步入中年，如果他的生活平静安宁，那么必定有另一个人为他承担了更多的压力，但大部分人认为没有什么压力能够压倒那个帮助他承担的人。这才是中年人最无奈心酸的地方。

笔记栏

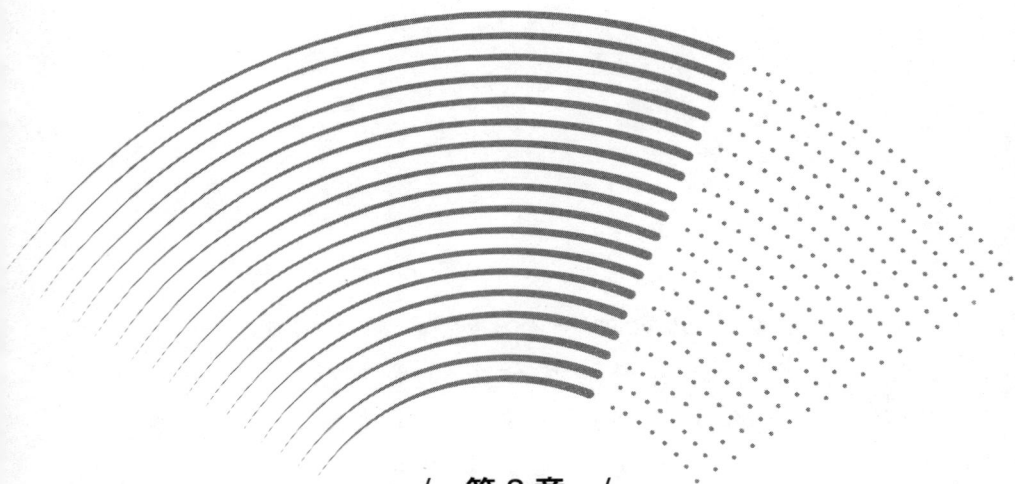

第 3 章

家庭，是最温暖的港湾

家庭是社会的一个天然的基层细胞，

人类美好的生活在这里实现，

人类胜利的力量在这里滋长，

儿童在这里生活着，

生长着——这是人生的主要的快乐。

——安东·谢茁诺维奇·马卡连柯

有一个地方，永远是你温暖的港湾。在那里，你也许会尝到人生的"酸甜苦辣"，但它始终是你坚强的后盾。

3.1 破除亲密关系中的认知陷阱

爱情是否需要一点"心机"？如何拥有自主选择爱情的权利？女性婚前是否应该购买房产？收入高的女性表现得就一定很强势吗？实际上，爱情的世界自有一套逻辑。

3.1.1 女孩婚前是否应该买房

这个问题需要根据个人经济状况来决定。如果个人负担得起，可以自己负担。如果父母出资购房，不建议父母因购房而影响其未来的养老计划。婚前购买房产，属于婚前个人财产，有些父母出资给孩子购房，其目的并非追求房产的升值空间，大概率是为了在婚姻家庭上给予孩子一些优势，同时能给孩子一种安全感。

3.1.2 收入高的女性，性格就一定强势吗

很多人有一个误解，即认为收入高的女性性格一定强势。但在我看来，我身边那些关系较好的女性朋友，她们的收入从 30 万元到 100 万元不等，并没有给我留下她们性格强势的印象。相反，她们都很好相

处，懂得人情世故。

收入高，说明人际资源不会太差。至于强势，或许是个人在工作决策方面的体现。没有人生来就很强势，也未必会在生活的各个方面都表现得强势，可能只是你从未见过对方温柔的一面。

3.1.3　爱情不是全部，要有自己的选择权

有个朋友的妹妹 A 在前几年离异了，这次聚会的时候她说起了离异的原因。

A 和她的前夫从高中开始恋爱，大学毕业后两人步入婚姻殿堂。A 生孩子后成为全职妈妈，她的前夫有段时间生意不好做，压力很大，有一个能力比较强的女人，帮他渡过难关。后来，两人交往频繁，产生了感情，于是 A 的前夫便向他的妻子提出了离婚，理由是人生还是需要合作伙伴式的战友。

A 在家里郁闷了一年，A 的哥哥不忍让妹妹整天不开心，便带着她一起出来做生意。现在 35 岁的她算是小有所成。当 A 谈起爱情观时，她认为如果女人的一生都指望依靠男人，就不要怪自己没有选择权。

而我认为，女性一定要有自己的职业规划。只要女性有能力、性格好，根本不用担心身边的人会离开，更不用担心找不到伴侣。婚姻的开始是爱情，而能一起走到最后，一定是基于三观相合与共同经营。在亲密关系中，彼此需要相互欣赏。现实中的很多夫妻中，最危险的关系是

一方在前进，另一方在原地踏步。婚姻一开始的关系是甜甜蜜蜜，你侬我侬，但时间长了就会在一些事情上出现"你看我不顺眼，我看你不顺眼"的情况，如果不加以好好经营，小矛盾就会升级为大矛盾。还有一些女性为了家庭而付出了自己的职业生涯，短期内是不会有太大问题的，但是一旦时间久了，当整个家庭的经济来源只源于一方时，矛盾就有可能产生并升级。

所以，相爱时请好好对待，不爱时好好分开，选择权掌握在自己的手里才有安全感。

3.1.4　尊重家庭每个人的边界

我觉得婆媳关系相处很好的比例很小，所以结婚后，尽量不要和父母同住。除非双方父母与你们相处得很好，并且不干涉你们的私事，否则，遇到爱管闲事的老人可能会成为破坏夫妻关系的首要因素。

不管是儿媳还是女婿，千万不要奢望太多。不要因为你嫁过去了，婆婆就应该如何如何对你；也不要因为娶了媳妇，婆婆就对媳妇儿有任何的要求。尤其是在家里发生重大事件的时候，你就会明白，每个人都有各自的立场。所以，尊重家庭每个人的边界是维系关系的基础，履行各自的责任和懂得孝道是维系关系的根本，宽容和理解是维系关系的中心。

3.2 每个家庭都应该有的畅所欲言

不管孩子遇到任何问题，家长都应该积极面对，帮助孩子走出困境，共同面对问题，而不是让他们独自承受。

3.2.1 了解孩子后，你才能教育孩子成为什么样的人

做好父母，比做好生意更为艰难。作为父母，我们应该明白，从孩子开始与我们交流的那一刻起，他们就开始对我们进行评价，并对周围的环境和氛围形成认知。家长的行为、言语以及家庭的氛围，都会在无形中影响孩子的发展。

我时常反思，如果我是孩子，我希望自己的父母是怎样的人？于是，我努力成为那样的人。除此之外，我还会调动家庭的集体力量，让整个家庭以适合孩子发展的方式共同配合，因为教育若只有一方主导，而其他家庭成员采取回避或不配合的态度，那么孩子将无法理解团队协作的含义。

教育孩子，一定要用心去了解孩子。

有些新手父母，他们的精力大多投入在阅读各种教育书籍上，认为每一种理念和方法都适用于自己的孩子。的确，这些方法不乏成功的案例，但并非每个孩子都能适用。每个孩子都是独一无二的，无论是男孩还是女孩，外向型还是内向型，都需要用不同的方法来教育。不了解孩

子的父母，即使使用所有的科学方法，也未必能得到好的结果。

那么，如何了解孩子呢？前提是尊重，把孩子视为一个平等的、有思想的个体，而非你的附属品或只是接受你权威的对象。只有做到这一点，你才能真正地了解孩子。

由于父母和孩子之间需要进行了解和持续的交流，我们可以将孩子比喻为一棵小树。在交流沟通的过程中，父母需要逐步了解孩子的思想（主干），然后根据孩子在不同成长阶段的特点进行引导和教育，这才是真正了解孩子的全过程。

一旦父母了解了孩子，孩子也会逐渐了解父母，会学习父母的沟通方式与父母进行交流和表达，从而形成良性的互动关系。有些家长常常抱怨孩子不理解自己，但这并非孩子的无情冷漠，而是因为你在孩子成长的过程中，没有教会他与你进行良性的沟通和相互了解，所以他的价值观就会偏离你的方向。

3.2.2 和孩子谈生死，也是一种爱护

一个家庭最大的风险是什么？不是经济破产，而是亲人的离世。

明天和意外，不知道哪一个会先来。这不是一句空话，而是提醒我们，如何进行风险控制。

中年人面临的风险无处不在，近年来我身边的朋友遇到了许多意外情况。打球时突然倒下，睡梦中心肌梗死，走在街上遇到车祸……突然

离世的打击给亲人带来了无尽的遗憾，特别是孩子。他们在成长过程中突然遭遇变故，无所适从。

我的儿子从十岁起，我们就经常讨论生死离别的问题。我让孩子知道，意外无处不在，除了时刻提醒自己要远离危险之外，还要告诉他如果不幸遭遇离别，除了悲痛之外应该如何应对。当这个话题被提出后，孩子从最初的抗拒和害怕逐渐变得坦然面对，并能够冷静地分析如何处理。

他的选择在我看来更加理智、更贴近现实——在监护人的选择上，他避免了纠纷的发生；在财产方面，他认为将财产交给律师处理是明智之举，不动存款只使用利息来维持生活，并将一部分财产分配给外婆等亲戚。这样一来，无论何时何地，他都能够专心学业，实现自己的梦想。

我认为对孩子最大的爱不仅仅是保护他们，更要让他们变得强大，要让他们了解人间的美好和现实的残酷，使他们能够经受住风雨的考验，并且在逆境中能够挺身而出。

3.2.3　要多给孩子锻炼的机会

我一直觉得身教大于言传，如果有机会，让孩子跟着我见识这个世界上所有的一切，而不是把他当成一个透明罩里的洋娃娃，接触不到真实的社会。

自孩子五岁起，只要他有时间，我就把他带在身边，让他跟着我一起上班，参加展会，接待国外客户。然后，我们对在外面遇到的一些情况进行分析，比如对方为什么会这样说，我们为什么要这样做，激发他的发散性思维（可能因为我自己创业，实现起来会比较容易）。

在他上小学三年级时，我让他在我的工厂里工作一天，我给他一天的工资是 50 元，晚上他便得出结论：靠体力挣钱是远远不够的，还是要靠脑力挣钱。

在职场中，人与人之间的差距，其实并不全是智商的差距，有些人被周围的人和环境保护得太好，或者完全没有被人教过，任由其自我生长。

作为一个普通人，我们应该让孩子多接触社会实践活动，多分析、多总结，让孩子多掌握一些技能，拓宽视野，为将来走入社会做准备。

3.2.4　不要放大孩子的恐惧和失败

很多孩子对失败和挫折的恐惧最早是来自家庭成员对孩子行为的过度反应。比如，某个家庭里，孩子不小心打碎了家里的一个杯子，父母就开始骂；孩子考试考得不好，父母就对孩子说"不好好学习，将来就只有去搬砖"；孩子不爱社交，父母就对孩子说"老窝在家里，怎么能找到对象呢"？

在这样的家庭里，你从出生开始，家庭就给你输入一个指令：所有的事情必须做正确，不能做错，也不能失败。在这样的家庭里，孩子感受不到父母的支持和鼓励。孩子需要一步一步小心谨慎地往前走，没有试错的机会。如果父母对孩子做不到无条件的欣赏和支持，不能容忍孩子的错，总是打压和抱怨，那么孩子内心就会有伤痕，甚至对自己的下一代也会采取同样的方法。

所以，一个拥有披荆斩棘、乘风破浪的底气，无惧失败的人背后，一定有着一对无条件爱他、支持他的父母。

3.2.5　要给孩子足够的爱，他的承受能力才能更强

一位朋友的女儿毕业快两年了，一直在考编的路上。我问朋友为什么非要考编呢？朋友说："女儿交了一个男朋友，男朋友家里每个人都有编制，而且迟迟不带女儿去见他的父母。"

朋友的女儿很焦虑，心理压力很大，常常失眠，已经有了抑郁的症状，害怕自己考不上，害怕男朋友抛弃自己，于是经常不出门、不吃饭，就这样宅在家里。

听朋友这样说，我的第一反应是让朋友赶紧带着女儿去看医生，不要指责女儿，可他们却担心被街坊邻居知道。于是我跟朋友说，什么事情都没有女儿的健康重要。然后我又问朋友，为什么女儿会觉得这个男孩子对她会这么重要呢？

后来我才得知，朋友的女儿从初中就被寄宿到其他城市的亲戚家里，一直到大学毕业。十多年来，朋友只是出了钱，并没有给孩子更多

的关爱和陪伴。所以，男朋友给她的温暖就成了她内心不可或缺的一部分。我跟朋友说，无条件接纳女儿所有的现状，小时候她没有被父母好好爱过，现在就必须要把这门课补上。

如果父母给孩子很多的爱，孩子的承受能力就会强一些，因为孩子知道他的身后有父母的支持。

3.2.6　孩子沉迷于玩手机，该不该帮

一位朋友的弟弟（初中生）从小被父母宠坏，成长过程中缺乏管教和指导，导致他养成了好吃懒做的习惯。同时，也没有养成良好的学习习惯，考试成绩基本只有三十多分。他身边没有朋友，放学一回到房间就锁上门，躺在床上玩手机。我的这位朋友跟我诉说，且面临以下几个难题：

（1）在父母没有能力及精力教导他的情况下，是否应该管教他？

（2）到了这个年纪，是否还能将他引导回正轨？如果可以，应该如何着手？

（3）目前最重要的是帮助他考上高中还是其他方面？

（4）他的手机使用应该如何管理？

我告诉朋友：

（1）一定要管教他。我举了一个例子，当我弟弟决定转文科时，我没用姐姐的权威来强硬地要求他，而是给他的班主任写了好几封信，分

析他的强项和弱项，让班主任开导弟弟。

（2）引导他走向正轨时，要让他知道知识和技能的重要性。我举了一个例子，儿子放寒暑假，我不给他零花钱，而是让他到我的工厂里去做临时工，忙碌地工作一天只能赚到 50 元，目的是想让儿子明白，没有知识和技能，只能做最底层的工作。

（3）务必要让他考上高中，无论花多少钱补习都可以。

（4）手机管理是个难题，需要恩威并施。强行制止只会让他更加叛逆。可以从每天减少三小时的使用时间开始，每次减少时间就给予他小小的奖励，并设立一个目标。

很多时候孩子走错路，并非孩子的过错，而是从小家庭环境缺乏培养，到青春期后，自己的思想占了主导地位，又缺少引路人，很容易在关键的时刻走上错误的道路。

3.2.7　初中生弟弟与高中生"混"在一起，该怎么办

有一位粉丝给我留言："我的弟弟比较随性，要说惹是生非，倒也不会。但就是学习不够专注，想学了就听听课，不想学就不学，甚至玩手机可以玩一整天。后来认识了几个学习不好的高中学生，每天和他们待在一起，真担心他将来会出问题。"

好孩子多半是夸出来的，管得太多，不代表管的方式正确，也不代表孩子能够听得进去。我建议全家参与，确定一个标准，先把对弟弟的

要求降低，一点点地要求其进步。打个比方，如果现在弟弟的考试成绩是 30 分，不要总是拿 80 分的标准和他比，这样会打击他。

如果他能从 30 分考到 35 分，可以用真心的、爱惜的态度变着花样夸奖他。当然，最坏的结果是他的学习能力确实不行，那全家人要做的就是接受，但是不能否定他这个人，可以试着寻找他在其他方面的潜力，找到其他优点。

如果弟弟觉得自己缺少存在感和安全感，可以找找家庭原因，然后再慢慢地一起配合改变。如果觉得效果不佳，适当的时候可以求助于家庭心理辅导。

3.3　教育孩子要从社会准则出发

3.3.1　不要逼着孩子道歉，一开始就预防问题的发生更好

中午吃饭的时候，我碰到一对年轻的夫妇带着一个男孩。男孩手上拿着一根长棍不停地挥舞，刚开始碰到了我前面一桌吃饭的人，男孩走过去了，父亲道了歉便走了。

再经过时，他的棍子就把我的筷子打落在地，棍子头直接碰到了我的碗里。年轻夫妇拉着小男孩道歉，小男孩应该才三四岁，一直不说话，我说没关系，没必要道歉，年轻夫妇不同意，非要小男孩开口才行，让

我很尴尬。

小孩子不懂事，父母完全没必要逼着道歉，看起来父母是在教育好孩子，但是我更觉得，与其发生事情让孩子道歉，不如早点让孩子把长棍收起来，告诉他在公共空间会造成怎样的麻烦更有意义。

还有一次，我也是碰到一位家长带了四五个孩子在餐厅吃饭，孩子在踢皮球跑来跑去，我对家长说这样不好，家长说没事，结果皮球掉到我的菜上面，一百多元的一道菜是吃还是不吃呢？看着家长轻描淡写地来道歉，我很疑惑，为什么很多人认为道歉能解决所有的事情？

有所为有所不为，这是家长更应该提前让孩子知道的消息，如果不告诉孩子这些，有事情光让孩子道歉，这只是事后的补救措施，不叫教育措施。

3.3.2　中学时光，专注成长，爱情请稍后

不要鼓励你的孩子在中学期间谈恋爱，以此来标榜你是一个多么开明的父母，很多不良后果在这个年龄段我们根本无法承受。中学阶段谈恋爱的不良影响和大学里完全不一样，是不可逆的。

有几个朋友的孩子在高中时谈恋爱，我的朋友们后悔不已。他们当初同意孩子谈恋爱，也将如何保护自己告知孩子们，可谁又能控制住孩子的荷尔蒙爆发引起的各种控制不了的事件呢？

朋友 A 的女儿，在高三时谈恋爱，学习成绩一落千丈，原来是他女

儿的男朋友学习成绩不好，于是他的女儿就想与男朋友考同一所较差的大学。

一个客户的儿子在高二时与女同学谈恋爱，致使女同学怀孕。这件事情在深圳前几名的高中学校内传开，双方家里都知道了。最终，客户赔了八万元，且双方都转了学。两个原本有望进入 985 高校的好苗子就这样……

朋友 B 的儿子，在高一和女同学恋爱。女同学的要求特别多，情绪不稳定，学习成绩也不好。当朋友 B 介入此事后发现，儿子无力提出分手，因为女方根本不同意。女方的父母甚至要求朋友 B 的儿子必须继续与女方谈恋爱，以稳定女方情绪，不能因分手刺激到她。

可能很多人会举例有很多成功的校园恋情，可是真正从中学到结婚的又有几对？特别是孩子在未成年前，又是在高考这一人生重要环节时，任何家长都不希望孩子因其他事情而分心、分神。前两个例子中的孩子现在已经上大二、大三了，但是我知道恋爱使他们把原本应该进入的好学校机会都错过了，而朋友 B 的孩子给家长带来的烦恼至今还未消除。

很多事情都有轻重缓急，在这个关键时刻，真的不需要去体会谈恋爱的滋味。在这个阶段，他们不仅负不起任何责任，还有可能拖累对方，给家人和自己带来不必要的困扰。等过了高考这个重要关卡，到了18 岁之后，再考虑谈恋爱是不是会更好一点？

　　作为男孩的家长，我对我儿子进行了这样的观点引导：在中学时期，不要考虑谈恋爱。因为你们没有能力完全控制自己的情绪和事态的发展。你也许可以很冷静地面对高考，但如果另一方因情绪投入而影响了学习，你就可能会影响别人的一生。所以，这段时间不建议谈恋爱。

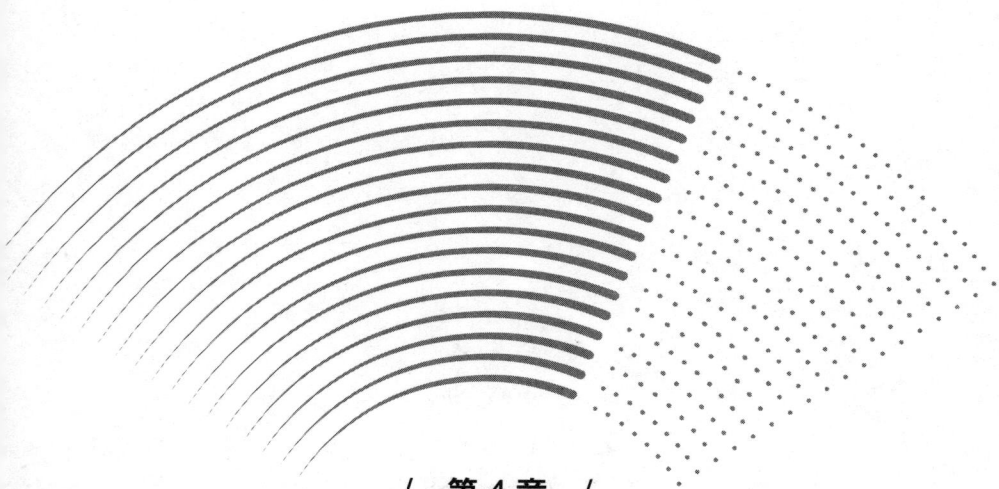

第 4 章

金钱，不只是一种工具

既会花钱，
又会赚钱的人，
是最幸福的人，
因为他享受两种快乐。
——塞缪尔·约翰生

树立正确的金钱观比什么都重要。要大大方方、正正当当地爱钱。要注意保护你的情感，不被金钱所伤害。对家人、朋友、爱人，都应保持一致的金钱观。

4.1 金钱不能只是一种工具

对金钱要有正确的认知，要有敏锐的商业嗅觉。只要你能发现生活中处处都是商机，你就已经突破了自己。

4.1.1 每个人都要知道的钱商

大部分人刚步入社会时，都是通过劳动和智慧挣钱。然而，很多人存在一个误区，认为年轻的时候如果积累了一定的财富，到了中年或老年就可以不用再挣钱了，然后靠积蓄生活到老。然而他们并不明白，理财是复利，通货膨胀也是复利。

时间是最大的变量。实际上，我们最需要钱的时候，往往是中年或老年。所以，我们应该在年轻时用劳动挣钱，然后用劳动挣的钱留下一部分做投资。到了中年，就可以更从容地学会用钱赚钱。

在"钱商"方面，每个人要有三个思维：第一个是工资思维，也就是通过劳动换取固定的收入；第二个是理财思维，用投资来获取复利的财富积累；第三个是平衡对钱的心态，也就是挣的钱和通过投资赚到的钱与同级别中最高的榜样进行对比，而不是与遥不可及的人物相比。

我喜欢赚钱的感觉，就像我们做生意时，无论多大的客户或多小的客户都是客户。所以不管这单生意是赚 100 元还是 100 万元，都要以认真赚钱的态度来对待。这样，慢慢就养成了认真赚钱的习惯和感觉。所以，树立正确的金钱观真的非常重要。

4.1.2 树立正确的"爱钱观"

要爱上钱，而不是仅仅需要钱。

爱钱，就要多干活，而且还要把活儿干好、干漂亮。我没创业时，每天都想着怎么多干活，甚至愿意做无偿的工作。为什么呢？因为如果学会了，就又多掌握了一项生存技能。这样想着想着，不仅让我干活有动力了，而且干着干着，还有了很多机会。

有的人可能说，客户在合作中百般为难，看到他情绪就瞬间不好，这该怎么办。如果你能换一种思维方式，把客户视为获得财富的机会，或许你就会想出更好的方法来解决问题，也会控制好自己的情绪。我一直觉得站在我面前的人就像一个保险箱，我得打开他，然后想办法和他一起合作，一起共赢。

只有突破了自己固有的思维，人生就不会那么按部就班，赚钱也不会显得那么难。

4.2　如何保护你的情感不被金钱所伤害

如何保护你的情感不被金钱所伤害？首先，即使是朋友借钱也要有规矩，比如多长的周期、几分利都要明确。其次，亲人借钱时要看你们之间关系。再次，对孩子要尽早地进行财商教育，帮助他们建立正确的消费观。

4.2.1　亲人借钱一直没还，怎么办

人最重要的是要讲规矩、讲道义。如果什么规矩都不讲，自然而然就会失道寡助。

我有个朋友在深圳外贸行业工作，年收入在七位数。2015 年开始，他的叔叔陆续从他那里借了 80 万元，每年过年回家，他叔叔都会说还钱，但是他知道他叔叔的生意不好，所以就让他叔叔安心，不着急还钱。一晃五年多过去了，最近他打算换套房子，所以想到让他叔叔还钱。他叔叔说每个项目差不多 3 ~ 5 个月结尾款，等来年开工后收到款立马先还一半。

亲人和普通借款人不一样，如果你急需用这笔钱，就给对方一个确定的还钱时间点；如果这笔钱不是很着急用，就安慰自己，虽然钱回来的时间久一点，但是亲人对你很不错，你有能力时也帮助了亲人，回报了亲人曾经的亲情。

4.2.2　有能力赚钱才能给亲人更体面的呵护

在我三十多岁时，我母亲得了胰腺癌，我在母亲住的肿瘤医院陪床了两个月，与她共度这段艰难时光。

这个医院里，大部分病人都是情况严重的患者。当患者入院时，大多数亲人都会拍着胸脯表示不惜一切代价也要治愈亲人的病。然而，在治疗过程中，由于高昂的医药费用、手术风险大等原因，许多人会悄然改变态度。一方面，他们心疼钱花了病也治不好；另一方面，他们担心看病花费太多拖累了自己和家人。

在这两个月里，我亲眼看见了几十位患者的命运变迁，久病床前无人照顾成为常态。无论你挣了多少钱，当你躺在病床上需要花费大笔费用时，有些亲人不会想到这些钱是你辛苦挣来的，而是怀疑你是否浪费了他们的钱。

有位老人，家里有四个孩子，在老人住了半个月后，四个孩子不再出现，只请了护工照顾。有个三期晚期的病人，她的丈夫给她办理了出院手续，直接将她接回家不再治疗。邻床躺着的是一个女患者，肿瘤复发入院后只有妹妹陪伴，她的丈夫早已离她而去。还有两位老年人一直在病床上躺着，家人甚至不让输营养液，最终在医院里离世。有些进入重症监护室的患者则催促医生尽快让他们转回普通病房。

然而，只有一个消防大队长和我母亲一样是胰腺癌三期患者，在医院大约花了一百多万元仍在继续接受治疗。他的妻子尽心尽力地陪了他几个月。用主治医生的话来说，我和这位大队长的妻子是当时他见过最真心实意为了亲人付出的家属。我连续两个月不出门，24 小时陪床，母亲的大小便不能自理都是我擦拭，咳嗽不出来的浓痰我甚至用嘴帮母亲吸出。

当时我放下了工厂的工作，全心全意地专注于母亲的陪护和护理。即便知道这可能会是一个无底洞，我也毫不犹豫地投入所有的积蓄给母亲治病，从未想过人财两空的问题。即使最终人财两空，我也认为这一切都是值得的。

从那以后，我对赚钱和人性有了更深刻的理解。只要是在法律允许范围内和在我的原则底线内有机会赚到的钱，我一定会去争取，因为它让我有能力给亲人提供更好的呵护，不至于在金钱面前考验他人和自己的意志。

4.2.3　薪资高低取决于个人能力和行业选择

有些人嫌公司给的薪水低，于是心里各种不平衡，为什么我的薪水只有 5 000 元，我应该有 8 000 元的，钱不到位就不认真工作，业余再去做点副业。有些人嫌商品的价格贵，能挑出很多的毛病，怎么看都不值这个价位。

如果薪水是行业的平均值，那么问题不在于薪资低，而在于你要努力进入更好的行业或寻求更大的进步才行。有足够的金钱就不存在值不值得的东西，只有喜不喜欢和买不买得起。

笔记栏

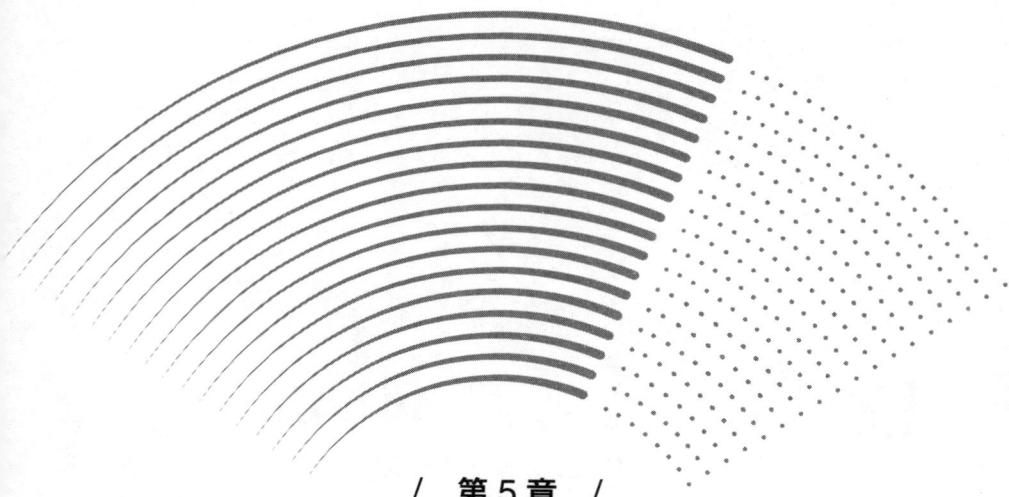

第 5 章

职场，一定要有实现梦想的规划

工作中，你要把每一件小事都和
远大的固定的目标结合起来。

初入职场如何精准定位？不同身份如何快速切换角色？对职场关系如何建立清晰界限？本章将带你探索职场中可能会遇到的问题。

5.1　初入职场，精确找准位置

步入职场，最重要的就是简历，简历决定了公司对你的第一印象，无论处于职场的哪个阶段，第一印象尤为重要。找准你的职场定位，多方分析选择适合自己的公司。说不定一封简单的邮件，都能让高层对你刮目相看。

5.1.1　区分就业阶段，学会写简历

就业要分阶段：

在刚毕业时，应尽量选择加入大公司。在大公司工作，可以学到行业内的完整工作流程。切勿虚度时光，要努力超越他人，把重心要放在学习和成长上。

工作两三年后，建议加入民企。在民企工作，升职相对较快，同时将在大公司积累的经验和知识灵活运用，争取在领导身边工作，丰富自己的经历并拓宽视野。我曾提到，宁愿选择工资水平较低但能提供更多无形资源的职位，而不是仅仅为了多赚一千元工资，而选择其他职位。

大约工作四五年后，接近三十岁时，需要明确自己是想继续在职场

打拼还是创业。若想继续在职场打拼，则应寻找能够运用所学经验并进一步提升自己的岗位；若想创业，则可选择利用之前的经验和资源进行创业。在这个阶段，公司的规模大小并不是最重要的，因为随着你能力的提升，无论在哪个公司，你都会比同龄人更有竞争力。

随着时间的推移，你将逐渐与同龄人拉开差距。你不会像25岁时那样只能拿到5 000元的薪水，到了30岁还在向月薪5 000元的岗位投递简历。

在过去的十几年中，我看过几千封简历。简历的筛选过程至少会进行两轮。首先，HR会根据最基本的要求进行初步筛选，并在几十秒内确认求职者是否符合标准。然后将符合要求的简历交给各部门主管、经理或领导进一步评估。

能够通过多轮筛选最终进入面试阶段的简历通常具有以下八个特点：

（1）简洁明了：简历应尽量控制在一张纸内。大多数人不会仔细阅读每份简历，HR通常会快速浏览并在几秒钟内找到重点。因此，务必确保简历的重点突出，清晰明了。

（2）突出用人单位的招聘要求：简历上应明确展示与用人单位招聘要求相匹配的重点技能或经验。避免海投简历，而是根据招聘职位的要求有针对性地展示相关经验和技能。

（3）用粗体强调关键信息：根据招聘职位的要求，将重点信息突出显示。例如，在销售经理的工作经历中，可以突出曾经开发过多少家经销商等关键数据，以吸引招聘者的注意力。

（4）倒序写工作经历：如果拥有三次或以上的工作经历，建议从最后一次开始倒序写。这样可以将最重要的工作经历置于简历的起始部分。

（5）使用数据化表述：对于能够量化的工作经历或成就，最好使用具体的数据来表示。数据往往比文字更有说服力。例如，在采购经理的岗位上，可以用一条"在一个季度内将供应链成本压缩了 1%"的数据来突出自己的成就。

（6）简明扼要地列举个人优势：在简历中列举个人和职场优点时，要言简意赅且与目标职位相关联。不同职位对优点的要求不同，因此要根据具体情况进行调整。

（7）使用基本的文档处理格式：尽量避免使用复杂的文档处理格式，以免造成 HR 无法打开的情况。使用基本的 WORD 或 PDF 格式即可。

（8）强调同行业经验：如果简历中有与用人单位同行业的工作经验，可以在相关部分进一步详细描述自己的见解和贡献。这将增加被录取的机会，因为用人单位更倾向于选择具有丰富行业经验的候选人。

最后，简历应保持简洁明了，不要过多描述个人爱好等个人信息。用人单位通常更关注求职者的专业能力和工作经验。

5.1.2　职场邮件格式知多少

一封邮件，让你在工作中脱颖而出。

因工作原因，我的邮箱里挤满了各个工厂和公司同事的邮件，大部分情况下，我会先看标题再决定是否打开邮件。点进去后，从邮件的叙述我大概能了解发件人工作的状态和一些工作表现。

邮件既是传递信息，又是向收件人反馈进度的一种工作方式。邮件的格式非常重要：

（1）标题的主旨内容一定是全文概括，要引人注目。太笼统的主题一定要带上内容，比如财务人员给我发了一封邮件，主题是3月工资单，我可能不会看。但她在括号里写了（共计300万元），我的脑海中就想到了上个月的数据是280万元，于是马上点开看细节。

（2）一定要正确称呼。例如，研发部×总，不要只称×总，尊称要带上你好或您好！

（3）表达内容不要用过多的一大段话，用分段123的格式写内容。越简单明了越好，修饰词太多给人拖泥带水的感觉。

（4）要写结束语。如果需要回复就写"盼望得到回复"，如果只是让对方阅读就写"请查阅"。

我写邮件，由于面对的人群不一样，大部分是延续以前传真的格式，商业化的感觉重一些。例如：

TO：×××公司/×总

CC：　　　　　　　　　FR：总经办/×××

SUB：　　　　　　　　DATE：

结尾一定会带上，盼复！谢谢！

如果是发给合作方，祝商祺（意思是祝愿你经商顺利，吉祥如意）！

5.1.3 找准职场方向，就业到底是在找什么

就业，与其说要找到一个好工作，其实更多的是要找到一个好领导。

好领导不仅看中你的价值，还会让你充分展现价值。初入职场，找准对标的同事非常重要，大部分年轻人都会聚在年龄相仿，职位相当的朋友圈里，虽然看起来热闹非凡，但实际能产生的价值和影响，远没有更高级别的朋友圈影响大。

选择融入中层管理者的朋友圈，是比较明智的，虽然你不能给他们提供价值，但如果你情商高，可以从他们身上学习到在公司的为人处世之道以及各种工作和社会经验。

对年轻人来说，中年人是宝藏。我没创业之前，一般都是和主管级别的中年人交往、并向他们虚心求教。他们的经验让我少走了很多弯路。

5.1.4 职业选择和行业选择路径

最近我发起了一次薪资调查，共计 5 533 人参与。其中月薪在 3 000~6 000 之间的有 1 128 人，占比 20%；月薪在 6 000~10 000 元的有 1 298 人，占比 23%；月薪在 1 万元~2 万元的有 1 226 人，占比 20%；月薪在 2 万元以上的有 754 人，占比 12.6%；月薪在 5 万元以上的有 477 人，占比 8.9%。这些人群大部分应该是职场人士，工作时间一般在

三年到十年之间。

我们都知道，选对行业和职业对个人的收入和未来发展至关重要。然而，对于大多数普通人来说，他们往往受限于自己的职场环境，无法看到更广阔的行业和岗位发展机会，导致无法及时调整或选择新的赛道。等他们意识到问题时，可能已经浪费了大量的时间。

在职业规划方面，我们需要认识到，职业不仅仅是一份工作，更是我们个人发展的平台。选择行业不一定要选择热门行业，而是要选择一个能够让自己有所成就、提升能力和积累经验的行业。同时，我们也要考虑行业的发展前景。

在选择就业方向时，首先要考虑专业技能的要求。那些专业对口、替代性小、具备一定的贡献度和稀缺性的职位更受欢迎。销售、运营等职位也是不错的选择，因为这个职位可以接触到不同领域的人，拓宽自己的人际资源。此外，项目、研发、技术和供应链等职位通常也是加薪幅度较大且成长潜力较大的岗位。

进入职场后的发展方向可以分为三个阶段：前期、中期和长期。在前期，我们应该尽可能进入大公司，学习完整的工作流程和方法，以便快速提升自己的能力。在中期，我们可以选择适合自己的公司，并逐步晋升到管理层或核心层。在长期，我们可以根据自身的情况选择深耕现有岗位或创业。

总之，在选择职业和行业时，我们要综合考虑个人优势、行业发展和公司资源等因素，并制订明确的职业目标和发展计划。只有在清晰的目标指引下，我们才能更好地实现自己的职业发展。

5.1.5　面对多份 offer 怎么选

一位粉丝给我留言：他今年 24 岁，同时收到了两份工作邀约，一个是制造智能人形机器人的公司，业务范围涵盖教育和消费行业，该公司去年刚完成融资，财务状况良好，收支平衡；另一个是一家初创的天使轮 SaaS 企业服务公司，产品团队只有两个人，面试过程中可以感受到有很多产品相关的学习机会，但面试官表示，公司正处于关键时期，正准备进行融资，如果成功融资，公司将有良好的发展，否则可能需要经历一段困难时期。

24 岁初入职场就拿到了两份工作邀约，说明他的个人能力很强。我告诉他，在选择这两家公司时，可以从自身需求出发，考虑几个问题："首先，你是否需要一份稳定的工作？其次，薪水对你来说是否重要？再次，你是否有过在五年内更换行业或公司的打算？在做决定时，请优先考虑自身因素，这两家公司都不错。"

5.2　不同身份，如何快速切换角色

普通大学生、艺术院校生、全职妈妈、老师转型，每一个角色都有

属于自己的一片天地。选择就业方向或转型均需要跳出固有的认知。一开始最好踏实工作，三年后再进行规划。

5.2.1　艺术院校学生，怎么选择就业方向

一位大四学生向我咨询：目前就读于上海某一本艺术院校，马上面临毕业。大一时，她曾参与学校的海报制作，后进入一家设计公司做兼职，直至目前一直在负责平面设计工作。大二时，曾跟随比较好的商演团队学习。目前她有两个选择：一是以实习生身份进入该设计公司，月工资 3 500 元；二是进入意向公司——酒店照明设计公司，还没面试。

在咨询中，我了解到这位学生的艺术背景和实习经历。根据我的了解，酒店照明设计公司实际上是一个项目公司，在这里工作的人通常会学到很多除了设计师以外的综合技能。考虑到这位学生未来还是希望回到演出行业，我建议她先去酒店照明设计公司实习。

对于即将毕业的学生，如果个人能力与心仪的单位还有一定的差距，我建议先找到适合自己的单位工作，积累经验。这样做不仅可以为进入理想单位做好铺垫和准备，还可以避免出现职业空窗期。每一次的经历都是宝贵的财富，都值得我们去珍惜和利用。

所以，我鼓励这位学生勇敢地迈出第一步，去实习并积累更多的工作经验。这样的决定将为她未来的职业发展打下坚实的基础，有助于她

更好地实现自己的梦想。

5.2.2 从大学到社会，重要的是转换思维

离开校门后，许多人会感到迷茫，不知道应该选择什么样的工作。在我看来，在工作的前三年里，薪水并不是最重要的考量因素。我们选择一个行业前，首先要了解这个行业是否具有规模化和可持续发展的潜力。如果能找到一个有远见的领导，相当于为我们的职业发展上了"双保险"。

我经历了四段工作经历，每次都是连升三级。从大学到社会，思维的转变是最重要的。每在社会中历练一年，我们就会积累一年的经验和能力，从而变得更加成熟和有实力。

一个人的能力在各个行业中都是相通的。我们可以看到很多成功的CEO，他们为什么能够在这个行业取得成功，跨行到另一个行业同样能够取得成功呢？这是因为他们能够跳出固有的思维模式，不被眼前的困境所束缚。因此，一开始不要担心太多，只需要稳扎稳打地工作三年。三年后，再根据自己的情况来制订更为长远的规划。就像在前三年扎根基层一样，要踏实地去适应工作环境，努力提升自己的能力和经验。只有经过时间的积累和磨砺，我们才能够更好地规划自己的职业生涯。

5.2.3 对全职宝妈准备重返职场的建议

首先，让内心的焦虑烟消云散。女性在生育后重新回归职场，无论

是精力还是思维上，都会相对分散，这是可以理解的。

回想起我在 A 工厂担任外贸经理的时光，当时招聘过一位全职妈妈。为什么我选择了她，是因为我在她身上看到了光。

她保持着积极的心态，没有过分贬低自己，也没有让自己陷入焦虑。她认真向我讲述了生育前的工作经验，并找出自己的核心竞争优势。同时，她展现出了自信和力量感。她说："作为母亲，我在工作岗位上的耐力和持久性会超过未婚女性；同时，孩子的存在也会让我对工作更稳定和渴望精进。"她的这句话，让我相信她是可以胜任这份工作的。

5.2.4　在工作与孩子之间如何选择

我的一个粉丝目前年龄三十多岁，有一个一岁多的孩子。她从事财务工作，她的丈夫是一名事业编制员工，收入只够还房贷。她现在面临着一个难题：不知道是留在老家工作还是到深圳发展。

对于这个问题，我非常理解她的困扰。作为一个母亲，我能体会到她对孩子成长和教育的重视。孩子在成长过程中，父母的陪伴和关爱是不可或缺的，也是金钱无法替代的。

同时，我也理解她想要追求事业的决心和梦想。然而，我认为现在并不是她前往深圳的最佳时机。首先，孩子的年龄还很小，需要她的照顾和陪伴。其次，她的丈夫在事业编制工作上相对稳定，这为家庭提供了一定的经济保障。

虽然一线城市有更多的机会，但同时也伴随着更高的生活成本和压力。考虑到他们目前的财务状况，如果只是为了追求事业而搬到深圳，可能会给家庭带来更大的经济负担。

因此，我建议她可以留在老家，寻找适合自己的工作机会。不要因为别人的选择而盲目跟从，每个人的情况都不同，要根据自己的实际情况作出决策。同时，她也可以考虑一些其他的创业机会或者兼职项目，这样即使在家乡也可以实现自己的梦想，并平衡好家庭和事业的关系。

生活中不只有一线城市可以拼搏，每个地方都有属于自己的机遇和发展空间，重要的是保持积极的心态和不断学习进取的精神。我相信她一定能够找到适合自己的道路，实现自己的梦想。

5.3 快速晋职，做好规划

为什么别人比我来得晚还比我升职快？为什么别人能又快又好地完成任务？领导对我有不满情绪，我怎么提升？很久没有起色的职场，如何改变？

这里请你记住，无论你对你的工作是否满意，领导是否让你开心，这些都不重要，因为你做的每一件事，都是在提升自己的价值，是为自己积累经验。有了这个理念，你后面的路才会好走。

5.3.1 为什么别人升得快，职场中让人胜出的细节

有一次我去一位大姐的公司，距离上一次去已经有一年了。当我到达大姐公司后，她正在开会，一个女孩带我进了她的办公室，并熟练地为我倒了一杯白开水，她告诉我："×总，我知道您不喝茶。"我觉得很惊讶，因为很少有人知道我不喝茶。当大姐开完会回来后，我问她："刚接待我的那个女孩是谁？"

大姐告诉我，那个女孩是 1993 年出生的，曾经是她的小助理，现在是综合项目经理，年收入已经达到了近百万元。大姐还告诉我那个女孩的"成功秘诀"：

首先，她工作非常认真严谨，不论是本职工作还是其他工作，她总是积极主动地去做，态度诚恳。即使遇到不懂的东西，她也学习得很快。

其次，她为人踏实可靠。只要交代给她的事情，她总能做到有始有终，从不贪图小利而是着眼于整个大局。当助理时，大姐给她加了工资，但她拒绝了，因为她知道如果再加的话会超过主管的工资水平，从而影响公司的薪酬结构。

再次，她对大姐和其他同事的关系都非常重视并能妥善处理。虽然我只去过大姐的公司三次，但她却记得我不喝茶的习惯，并且中午还会贴心地帮我推荐合口味的餐点。而我此前对她竟然完全没有印象，这更

让我对她的细心和专注感到钦佩。

去年，大姐将她从助理晋升为项目经理，年收入也从 20 万元增长到了近百万元。（我和大姐一致认为，能力固然重要，但人品和情商同样不可或缺。）

同样是去年，我的公司需要招聘一个项目助理，当时共有三个人来应聘。他们的硬件条件都非常符合要求，其中两个还是深圳本地人。在面试过程中，项目经理觉得他们都很不错，难以取舍。复试时，我在这三个人中发现了一个"潜力股"：

他在和我交谈的过程中，能够准确地记住和项目经理面试的所有细节，并在第二次复试时能够组织出有关讨论的话题并进行深入探讨。例如，在谈到某个地方的项目时，他提出了融资的难度和政府合作的风险控制建议。

同时，他一直用自己的笔记本电脑把重点记录下来，同时用简单的放射性导图将信息分类整理。比如在项目 A 下，他会写上各方面的细节关键词。

这些细节体现了他在职场中的举一反三能力和善于发现问题并解决问题的敏锐洞察力。他有可能是一个优秀的执行者，也有潜力成为一个开拓者。

他入职以后，表现非常好，对项目的各个环节都完成得相当不错，并成功地签下了新的项目合同。因此，他的月薪也从 1.5 万元增加到

2.5 万元。

所以，细节才是制胜的关键。如果你想在职场中胜出的话，不妨想一想能够让你在工作中脱颖而出的细节吧！

5.3.2　职场中如何才能获得升职的机会

在职场中，只要具备以下几个特质，就能在职场中脱颖而出，获得升职的机会。这些特质是我在工作中总结出来的，希望能给正在职场中的年轻人一些正确的指引：

（1）一个人要能够胜任所在的岗位要求。这意味着他 / 她不仅要有相应的能力，而且能够游刃有余地完成工作。如果能力不够，即使口才再好，也不会得到领导的认可和支持。

（2）忠诚和主动积极也是关键。忠诚意味着对领导的指示百分之百地执行，不违背原则和法律。而主动积极则是指在工作中勇于承担责任，不仅仅是分内之事，还要主动寻找不足并解决问题。只有同时具备这两个特质，才能掌握主动权，得到领导的赏识。

（3）注重细节和把握重点也是重要的品质。在职场中，很多人追求做大事，但容易忽视小事的重要性。小事的处理往往决定了大事的成败。因此，一个人在处理小事时要有耐心且细致，同时也要有眼光抓住重点，为公司带来更大的价值。

（4）良好的人际关系对于职业发展至关重要。有时候，即便能力稍逊一筹，但如果能与各部门主管的关系保持融洽，也会得到更多的机会和提拔。所以，建立良好的人际关系对于职场中的个人发展非常有帮助。

（5）运气和实力的结合也是成功的关键之一。当机会来了，要勇敢地抓住，并充分展现自己的优势。比如在特殊时期能够表现出色，会给领导留下深刻的印象，从而获得更多的机会和晋升的可能性。

当然，除了以上几点之外，还有很多因素会影响一个人的职业发展。每个领导、每家企业的发展方向和侧重点也可能有所不同。因此，最重要的是要根据自己的情况和行业的要求来不断提升自己的能力和素质。

5.3.3　"绝对执行"让你在职场中脱颖而出

在职场中，绝对执行领导的吩咐是非常重要的。之前在公司工作的时候，我被一个同级的人戏称为"雇佣兵"。在工作中，我从来不主动提出自己的意见，而是先执行任务，然后再总结汇报。在汇报过程中，我会巧妙地将自己的见解或意见穿插其中。

然而，当我开始创业后，我发现那些能够一直留在我身边担任左右手的人都有一个共同的品质，那就是绝对服从命令，从不讲任何借口。

很多时候，我们在工作中总是带着批判的眼光看待领导和公司。对于领导交代的任务，我们总是先质疑其合理性，然后放大问题。我们抱怨任务不合理，在实际解决过程中敷衍了事。

虽然我们可能会理直气壮地指出很多问题，但在职场和人生中，有一点我们必须明确：每个人都应该保持积极向上的心态。无论比我们强的人是谁，他们之所以能担任这个职位，一定是因为他们有过人之处。

我刚参加工作时，我很讨厌我的领导，总是找他的各种小毛病。对于他交代的任务，我总是能拖就拖。但是工作一个月后，一位经理对我说："只要是你的领导，在工作中就一定有你学习的地方。否则，为什么主管不是你而是他？"我突然豁然开朗，立刻转变态度，对领导的命令绝对贯彻执行。这种表现实际上是我工作态度积极、全情投入的状态。后来，领导将更多的工作和更重要的任务交给了我，使我得到了提升和锻炼的机会。

在职场中，服从命令的习惯不仅让你变得敬业，而且还能提高团队的工作效率。试着换位思考一下，你的质疑只是质疑而已，最终的责任不会由你来承担，领导和管理者们为下达的每一个任务负全部责任。而他们能够担任这个职务，看到的问题和视角一定比你更全面，他们不会因为目前的一点点质疑而否定任务的价值。

这就是为什么做着同样工作、处于同样职位的人，有的停滞不前，而有的却步步高升的原因。其实道理很简单：能够绝对服从的人就是能够带领团队打仗的人。只有明白了这一点，你才能离晋升和成为领导者的目标更近一步。

5.3.4　刚参加工作的人如何抓住机会，实现心中五年一个台阶

在职场中，很多刚参加工作的人都会问，如何抓住机会实现心中五年一个台阶的目标。其实，机会人人都能遇到，为什么有些人能够看到，而有些人却看不到呢？

我们身处在同一个时代，拥有相似的背景和学历，但为什么几年后、十年后的成就会截然不同呢？答案就在于视野的拓展。只有拓宽了视野，我们才能看到更多的机会。

初入职场时，你或许无法分辨出那些真正能够帮助你的人，而总是与和你水平相近的人在一起。虽然这样的日子看起来很快乐，但其中的某位小伙伴可能已经在不动声色中与更高一级的领导建立了联系，悄然脱离了你们这个快乐的小团体，进入更高的社交圈。三年后，他成了你的领导。当初进公司时，你们明明是站在同一起跑线上，为什么结局会如此不同呢？

在职场中，当你进入中高层时，你可能觉得自己已经很努力了。但那个小伙伴可能已经与各路资源人士建立了联系。他今天与销售人员打得火热，明天又与技术人员交上了朋友，后天与客户和供应商成为朋友。你或许觉得他不够专注，却没想到在公司关键岗位出现空缺的时候，他却被委以重任并获得大幅加薪。而你，还在等待着每年例行的 10%

的加薪。

经过几年的努力，你终于成了某个部门的总监，感到扬眉吐气。然而，那个小伙伴已经开始在资源圈里蓄势待发，准备与客户携手共创事业了。

故事中的这个小伙伴就是我，而当初和我一起进入公司的同事如今已经成了那个部门的总监。每当我们聚会时，她总是感叹为什么起点一样，成就却完全不同。而我，每次都只是轻描淡写地说"自己只是运气好而已"。

抓住机会的人，其实是凭借对未来敏锐的洞察力；而对于没有抓住机会的人来说，往往只能看到你的运气。所以，不断拓宽自己的视野、敏锐观察变化并抓住时机，才能在职场中实现心中的五年一个台阶的目标。

5.3.5　对前辈有敬畏之心，也要知后生可畏

无论时代如何变化，我始终对前辈心怀敬畏之情。虽然现在有许多新生代在各行各业中崛起，有些人借助了资本的力量，有些人在赛道上选择了正确的方向，有些人善于抓住机会获得了成功。时代在不断进步，各种新方法和新策略层出不穷。一些新生代可能不理解老一辈的观念，甚至言语中还带着一丝嘲讽。

每个人都有属于自己的时代，新的虽好，并不意味着老的就没有可取之处。

我们应该对前辈怀有敬畏之心，同时也要认可后辈的实力和潜力。只有秉持谦虚的心态，我们才能不断学习和成长，为自己和社会创造更大的价值。

5.3.6　如何在领导对自己情绪不满的前提下进行自我提升

一位做销售管理的朋友说："领导为什么对我不满？问题出在我自己身上。去年因为受家里一些私事的影响，我在工作上的投入没有过去那样全心全力，导致工作成果在效率和质量上都有所下降，这引起了领导的不满。可是我从去年年底就开始调整了，努力地投入工作，尽力提高工作成果的质量和效率。"

在职场中，我们常常会遇到各种挑战和困难。但是，只要我们保持积极的心态并努力工作，就能够战胜一切挑战。

这位朋友的经历告诉我们，当在工作中犯错时，领导可能会对我们产生负面印象。然而，这并不是绝对的。只要我们能够勇敢地面对自己的错误，并且以真诚的态度向领导道歉并展示自己的改变，就有可能重新赢得领导的信任和机会。

同时，我们也要学会从问题中寻找成长的机会。只有通过出色的表现，我们才能够证明自己的价值和能力。同时，我们还可以利用自己的人际资源和客户关系，寻找适合自己的工作机会。只有不断提升自己、追求进步，我们才能在职场中取得更好的发展。

5.3.7　职场没有对错，只有各行各业的规律和法则

最近我一直与从事消费类产品工作的朋友们一起合作，并参与他们的项目。然而，我发现我们的理念存在很大的差异。对于同样的产品，我习惯性地将 BOM（物料清单）表全部分解，逐个对照技术参数进行检查。一旦发现不同，我会毫不犹豫地指出问题所在。

然而，他们开始抱怨我太过挑剔，有点吹毛求疵。其中一位朋友告诉我："真正的 ToC 客户与你以前的行业客户不同，没有人会在乎 98 mm 和 100 mm 之间微小的差别，更何况这是放在产品里面的物料。你要求这个芯片、那个物料都要符合技术要求，但客户只关心产品的外观是否一样，谁会拆开产品用尺子来测量呢？普通消费者更不会去了解。如果成本上升，产品就缺少了价格竞争力。"

此外，他们还不满于我不参与讨论营销和推广的方案，只专注于产品本身。对他们这些消费类大众产品厂家来说，需要综合考虑三个因素——产品要做到 60 分，推广要做到 80 分，营销要做到 90 分，这样才能打造出爆款产品。而我作为从事了几十年技术型工业产品的人，我们的行规都是产品要做到 90 分，生产规范化要达到 90 分，推广和营销则相对不那么重要，因为我们面对的都是非常专业的行业客户，产品技术和研发的重要性远远超过其他方面。举个例子，我们的 B 工厂曾经为某品牌做过一款 OEM 订单。该品牌是业界知名品牌，我们花费了很多

年的时间才获得与该品牌合作的机会。他们的要求是，在硬件基础上必须满足该品牌供应商的标准，比如工厂规模、工艺制作流程、机器设备等级、制程能力、检测能力、客户群体、研发能力等各项指标都要通过认证。只有通过了这些认证，才有机会与该品牌合作。

后来，我调研了一些消费品公司发现：如果消费品都像工业产品那样注重技术和功能性，有些厂家可能还没有开始盈利就要面临倒闭的风险。如果你想追求精益求精，那么就得专注于特定的客户群体。所以，分歧归分歧，但没有对错之分，只是各行各业有不同的规律和法则。

5.3.8　职场中，要学会处理人际关系

进入职场就意味着我们必须要融入自己的工作环境。无论你是否愿意，每天与你共事的同事都是你需要学会相处的人。如果你无法处理好与同事之间的关系，你的工作将无法顺利进行。所以，我们需要找到处理纵向和横向关系的突破口。

我在创业前曾经有过四份工作经历，每一份工作都是以结果为导向。通过这些工作经历，我不仅提升了自己的能力，更重要的是学会了如何与团队合作。

在职场中，我的纵向目标是与上级领导和高级领导层建立良好的关系，横向目标是与能够辅助我的同事们，特别是与技术和工程方面的同事们保持紧密的沟通与合作。通过与技术工程团队的合作，我不仅得到

了很多实质性的帮助，还建立了与销售、采购部门之间的有效联系。

无论是有形的组织还是无形的朋友圈，它们都在职场中发挥着重要的作用。有形的组织是按照公司的制度和权责利进行划分的，而无形的朋友圈则是由志同道合、有着相同理想追求的人自发组成的。横向、纵向的关系网共同构成了我们职场生活的重要部分，使我们的工作变得更加高效顺畅。

5.3.9　工作十年了也没起色，未来五年如何把握

在职场中，很多人都会面临迷茫和困惑，不知道自己的未来该如何规划。但是，只要你愿意努力，就一定能够找到属于自己的发展道路。

首先，要有一个明确的目标。无论是想要提高薪水还是进入更有前途的公司，都需要有一个具体的目标来指引你前进的方向。然后，将五年的时间倒推，细分为四年、三年、两年、当年、当月的目标，制订一个详细的计划，明确每个阶段需要达成的目标和所需的行动步骤。

其次，要在工作中表现出色。只有通过出色的工作表现，才能够获得领导的认可和支持。不仅要完成自己的工作任务，还要积极主动地承担更多的责任和挑战，充分展示自己的能力和价值。

再次，要不断学习和提升自己。无论是通过参加培训课程、阅读相关书籍还是寻求导师的指导，都要不断地丰富自己的知识和技能。同时，也要与同事和行业内的专业人士保持良好的交流和合作，借鉴他们

的经验和见解。

最后，要保持积极的心态和坚持不懈的努力。职场发展是一个长期的过程，没有捷径可走。在面对困难和挫折时，要保持乐观的态度，相信自己的能力和潜力。只要坚持不懈地努力，就一定能够实现自己的职业目标。

记住，每个人的职业生涯都是独一无二的，不要过分在意他人的情绪，与他人进行比较。关注自己的成长和进步，相信自己的选择，相信未来的美好。只要你愿意付出努力，就一定能够在未来的五年里取得令人满意的成果。

5.4　职场关系，设立清晰界限

在职场中，与领导、同事、客户会发生各式各样的故事。如果你能从他们身上看到优点，并且能学习，就先把个人的情绪放一放。做生意讲究的是双赢，求财不是求气。切记，不要把个人偏见和情绪带到合作中。

5.4.1　职场中遇到直性子的同事，怎么办

我有一个朋友，他与团队中的一位合作伙伴 A 共事了几个月，但心里一直感到不自在。A 在团队中主导着工作方向，而我的朋友则是初来

乍到。A 让我的朋友负责了公司的很多新业务，我的朋友也一直努力做到最好，A 也多次在其他同事面前表扬他。

然而，我的朋友对 A 接受工作任务反馈的方式不太满意。举个例子，当我的朋友向 A 反馈某项工作时，他还没说完自己的想法就被 A 打断了，然后 A 会给出他自己的意见。起初，我的朋友觉得这是双方还在互相适应、互相磨合，但多次相似的场景出现后，他觉得 A 可能不太信任他。

他认为，如果 A 不信任他，那就没必要把重要的工作交给他做。但现在既然让他做了，A 却似乎并不赞同他的做法，还跟其他同事说看重他。这让我的朋友很费解。

其实，我的朋友是太在意别人对他的看法了。在职场中，每个人表现出来的方式各不一样。我曾经也遇到过类似的情况，甚至有一位态度强硬的领导把我辛辛苦苦写的分析报告扔进了垃圾桶。

但是，如果我们换个角度来看，就可以看到 A 的优点。在一个团队里，A 的严格要求并不代表不信任，只是你的失误可能会影响到他的工作。所以，试着站在他的角度想一想，这样不仅能学到更多东西，还可以结交到这个直性子的朋友。

5.4.2　公司财务如何与领导相处

财务是每个领导的重要助手和最信任的合作伙伴。如果你发现自己在领导心中的地位有所动摇，那可能是因为你没有完全站在领导的角度去考虑问题，没有成为他的"贴心管家"。

在处理财务事务时，首先要让领导感受到你是在帮助公司节约开支，与领导想法保持一致。这里举个例子。在我的公司，财务部门在特殊时期发放工资时给了我两种选择：一种是只发基本工资，另一种是全额发放。我选择了全额发放的方式，这样的处理方式让我更加信任和信赖财务部门。

其次，对于所有的资金流动和账目情况，要及时向领导汇报。虽然你不太可能犯错误，但在领导的眼中，资金的安全至关重要。只要你经常向他汇报财务数据和每一笔资金的汇入和支出，他自然会更加信任你。

再次，在不违反规定的前提下，要始终站在领导的角度去考虑问题，特别是在一些报销制度和界限模糊的支出方面，不能掉以轻心、随意签字。比如，我公司曾经有一位财务人员，在员工报销中出现了一些不符合规定的事项，他未经请示就擅自做了决定并支付了费用。虽然金额不大，但这让我觉得这位财务人员并没有真正站在我的立场上去想问题。

只要能够做到以上三点，你就会懂得如何在职场中进退有据。一般情况下，领导都不太愿意轻易更换财务人员。

5.4.3 合作不愉快的客户，后续来咨询，该如何应对

我会继续充满热情，因为这是我的职业信条。无论面对谁，我都会

以笑脸相迎，绝不带任何个人情绪进入工作。

但是，在处理事务时，我会坦诚地沟通："朋友啊，我们都是为同一个目标奋斗的生意人，互相帮助才是正道。你能不能把上次的尾款结清呢？如果你目前无法履行承诺，我希望你能够通过下订单来弥补我的损失。毕竟，我希望在服务的同时也能够保持盈利。"

在商务合作中，我们应该追求双赢。无论是轻松交谈还是严肃商讨，我会根据对方的态度灵活应对，努力达到双方都满意的结果。

我们要明白，生意的本质是共赢，而非争强好胜。最重要的是，不要把个人的偏见和情绪带入合作中，让我们以积极的心态和善意的态度去面对每一个商机。

5.4.4　职场沟通七要素

职场上的沟通和生意场上的沟通异曲同工，都需要讲究技巧和方法。这主要看你面对的是什么人，是同事、领导还是合作伙伴，是布置任务的人还是领任务的人。但无论什么角色和身份，以下七点沟通要素是共通的。

（1）态度最重要。

在能力暂时无法体现的情况下，态度上要让大家都满意。不管是什么职位，不要让对方或自己感到难堪。这一点我自己经常也会反思，有时候碰到个别同事做错事了，语气上就会着急。如果同事们有情绪，我也会安抚他们。所以说，沟通任何事情的前提，一定是要有一个好的态度。

（2）响应排第二。

态度有了，但是沟通完了没什么效果也不行。如果你做得到，就顺利地进行；如果你做不到或碰到什么困难，要第一时间提出来。需要别人配合的地方，比如同级别或领导的协助，事前就要沟通好。虽然是一个公司的事，但多部门合作时，人与人之间的交流和响应会影响这件事的结果。

（3）说话时要把别人放在心上。

不能永远以自己为中心，也不能永远以别人为中心。沟通就像打球，讲究你来我往、换位思考，说的话要让别人口服心服，而不是仅仅对别人的职位或身份而屈服。

（4）尊重任何人，保持一致性。

高不谄媚，低不踩踏。虽然有的地方很难做到这一点，但是我觉得大部分公司更多看重的是你做事的能力和结果，而不是你巴结人的能力。如果你做事能力强且情商高、说话让人受用，那么你的沟通能力自然会得到提升。

（5）工作中有情绪时不要沟通，沟通时要控制情绪，把自己和别人都当成这件事的"工具人"。

换个角度考虑问题，为什么你或者某某有情绪？是不是因为工作中没做到位直接影响到别人的工作和利益？先不要认为别人是故意找你麻烦，而是要了解麻烦源头从哪里来，怎么解决才能达成共识。

（6）沟通讲究有效性，不是只讲究沟通的时间和次数。

只有有效沟通才算真正的沟通。如果做不到上面几点，就可能导致无效沟通。在沟通过程中，要带着解决问题和提出问题的出发点去交流，才能达到有效沟通的结果。不懂就提问、别人不懂就教他，一起营造共同进步的工作氛围。

（7）具备共情能力，不单指在无法解决问题时的同情理解，而是指在协作过程中所展现的共情能力。

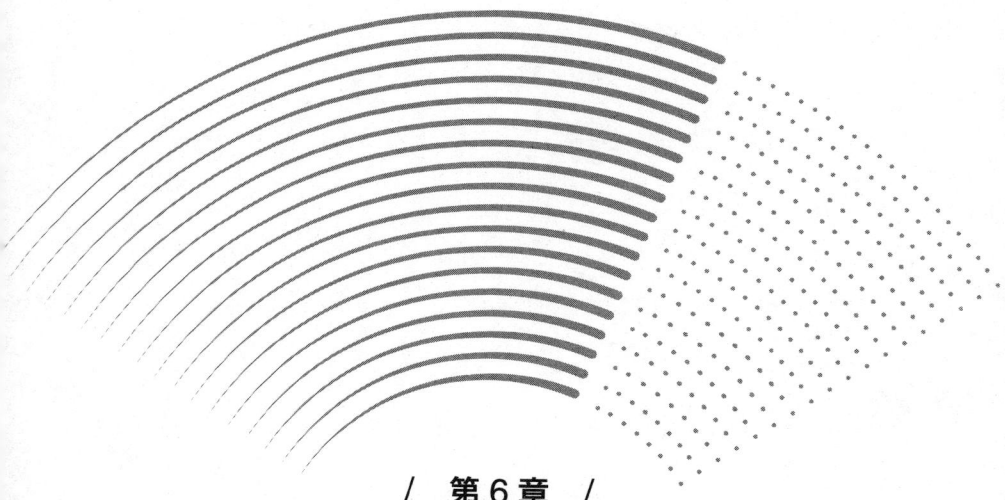

第6章

朋友圈，和谁在一起很重要

友正直者日益，友邪柔者日损。

——薛瑄

和谁在一起很重要。上学时遇到好老师，工作时遇到一位好前辈，成家时遇到一个好伴侣，创业时遇到一个好朋友。你和谁在一起的确很重要，和什么样的人在一起，就会有什么样的人生。

6.1 价值置换，影响你想影响的人

交朋友一定要明白"三人行，必有我师"。

6.1.1 你是谁，就会遇见谁

在人生的道路上，我们会遇到各种各样的人。有些人会成为我们的伙伴和朋友，而有些人则只是路过的陌生人。然而，无论是在现实中还是虚拟的网络世界里，真实的自己和真诚的态度都是至关重要的。

就像我和我的副总一样，我们在论坛上认识，经过了几年的相互了解，我们彼此都觉得对方非常靠谱。于是，当我开新公司时，我毫不犹豫地邀请他加入，并且将内部事务都交给他处理。这种信任和合作关系是无价的，多少钱也无法买到。

而在网络世界里，我在微博也有幸结识了一个善良又乐于助人的女孩。她一直热心地为我回复评论，运营我的小红书。我也希望有一天能够有机会与她共事，一起创造美好的未来。

无论是现实还是网络，真实和真诚是最重要的品质。它们能够帮助我们建立深厚的人际关系，吸引到与我们志同道合的人。正如我所说，你是什么样的人，你就会遇到什么样的人。保持真实和真诚，最终会收获更多真诚的友谊和支持。

6.1.2 "六个人"的关系网

有人说，你和世界上任何一个人之间只相隔六个人。通过这六个人的连接，你可以与全世界的任何人建立联系。

如今，无论是线上还是线下，我们的朋友和关注者都交汇在一起，这些都构成了你的资源库。然而，很多人并不懂得如何经营这个宝贵的资源库。

要经营好资源库，我们需要主动去关注、交流和互动。在彼此熟悉的情况下，逐渐建立起心灵相通的关系，互相帮助和支持。这些行为都是为了将更多的人纳入我们的资源库中。

有时候，我们会羡慕那些能够轻松得到他人帮助的人，认为对方可以随时随地得到帮助。事实上，我们能够认识谁是由我们的认知和眼界所决定的。如果我们能够善于经营六人关系网，充分发挥其潜力，我们将终身受益。

6.1.3 开源节流，"人源"是关键

管理自己的人生，就像管理企业一样，要将开源放在首位。

"开源节流"这四个字中，开源为先，节流为后。然而，从小成长于普通家庭的我们，父母的经济状况并不富裕，大多数人受到的教育都是节流更为重要。事实上，开源的重要性远超节流。它不仅关乎赚钱方面，更涉及投资自己、整合资源和转变思维等方面。

开源可以分为短期和长期两种类型。短期的开源能够快速获得回报，通常是一次性的，比如兼职等。而长期的开源则需要投入时间和精力来规划，以获取长期的收益。

然而，更高级的开源方式是洞察万物皆为源。只有能将此发挥到极致的人，才能真正成功。

仔细观察那些取得成就的人，你会发现他们无论做任何事情，身边总会有人支持和帮助。这种源自他人的开源才是真正的财富之源。

因此，我们应该先关注人际网络中的开源机会，与他人建立良好的关系和合作，然后再寻求物质上的开源。

6.1.4　人的一生面临的各项社交选择

人的一生中，我们面临着各种重要的选择，比如学习的专业、婚姻对象和工作行业。有一句古话说得好，男怕入错行，女怕嫁错郎。一旦选择错了，我们的人生轨迹可能就会完全不同了。

然而，有一个选择却经常被大家所忽视，那就是如何选择朋友。事实上，人生的长河中，我们的朋友会对我们产生潜移默化的影响，从而不知不觉地改变我们的人生道路。

大多数人在选择朋友时，基本上只关注一些表面特征，比如相同的口味、一起逛街、陪伴时间、偶尔的聚会等。然而，我认为社交也应该被视为人生中最重要的选择之一，可以与行业和专业相提并论。

在选择朋友时，要特别注意以下两个方面：

首先是取长补短。无论在性格还是工作方面，我们每个人都有自己的优点和缺点。因此，在选择朋友时，我们应该寻找与我们互补的朋友，这样更容易实现个人成长。通过与他们的交往，我们可以利用他们的优点来弥补自己的不足之处。举个例子，我性格果断、做事迅速，很多朋友说我影响了他们，让他们改掉了优柔寡断的习惯。但他们发现，我会忽略一些细微的问题，在他们的影响下，我也开始更加注重细节，并得到了一些积极的回报。

其次是资源互补。资源互补决定了朋友的质量和长期关系的维护。所谓资源互补，就是指你拥有的优点是他们所缺乏的。无论是商场上还是职场中，如果你有资金而他们有智慧，你有技术而他们有市场洞察力，你效率低下而他们能高效执行等，这些资源的互相补充将带来更大的收益。如果你只与和自己相似的人交朋友，那么你的优点和缺点将不会发生任何变化，你的资源也不会达到 1+1 大于 2 的效果，而是等于1+1。

6.1.5　你重视别人的价值，别人才会让你得到价值

没有任何收获是不需要成本的。有些成本是即刻支出，有些则需要滞后收取，还有一些则需要与他人进行交换。世界上没有免费的午餐，那些看似白白得到的东西最终都无法真正让你有所收获。为了尊重他人和自己的价值，我们必须付出相应的成本。

我是一个注重细节的人，有时会特别讲究，但也可以轻松自在地与人交谈，让人感到放松。只要你身上有让我学习的地方，我都愿意为之付出相应的成本。

在现实生活中，很多人对我有良好的人际资源表示佩服。其实原因很简单——真实、真诚、真心。因为我相信只有真实才能让人感到安全。如果一个人连真实都做不到，那他取得的成就会很小。

6.1.6　深耕自己的社交关系，把自己和别人的价值发挥得最大

有一天晚上，朋友 A 给我打电话，询问我和朋友 B 为什么拆伙以及对朋友 B 的看法。因为朋友 A 今天约了朋友 B 谈合作。

朋友 B 是我们行业中一位资深的研发人员，他曾在 H3C 担任产品研发经理。几年前，我听说他正在研究针对某个细分行业的高端产品。通过我的好朋友的介绍，我和他一起合伙开了一家公司来开发这款产品。

合作一年多后，由于我们对公司后续的发展方向意见不一致，我们决定分开。但是在这个过程中发生了一个小插曲——由于我离开了公司，原本由我负责的供应链资源商开始逐渐减少对朋友 B 的支持。（之前这个供应链资源商在货款和账期上要求比较灵活，特别是主芯片这块，其他客户他要求一般是现金或月结，而对我可以给我 90 天以上的账期。）

朋友 B 作为技术型人才，第一次从公司出来和我合伙，不太明白生意场上道义关系比条款更重要。因此，在我离开之后，没过多久，他的现金流就出现了问题，一直在行业里抱怨。后来，我的好朋友告诉我这件事，我约了朋友 B 和几位朋友聚在一起，我向朋友 B 道歉，最终解开了误会。

朋友 A 想和他合作，但担心朋友 B 的格局太小会影响朋友 A 的声誉。我对朋友 A 和 B 都非常了解，也知道朋友 A 现在需要朋友 B 的能力。所以，我积极向朋友 A 推荐朋友 B，并帮助他分析几种可能的合作方式。

后来，朋友 A 下定决心与朋友 B 合作，并感谢我的中肯推荐。我笑着说，真正的朋友应能明辨是非、懂得合作，并理解大义，这样才能长久相处。

晚上，我给朋友 B 打了电话，把朋友 A 的合作意向和担心都告诉了他，希望他能够借助这次机会更快地成长。同时，我还询问了他目前研发的新品和利润情况。我将朋友 B 的回答一一记录下来，心里开始有了新的计划。

虽然我的事业只是朋友 A 的五分之一，但我知道要想在人生中更轻松地前行，最重要的是懂得合作并深耕自己的社交关系。

6.1.7　和能量足的人在一起

我们的一生中可能会碰到很多问题，这些问题可能不是只有自己能碰到，但每个人在碰到问题时，解决问题的能力是不一样的。那么真正能把问题解决，还是要靠自己的能量。能量存在于每个人身上，如果能量像电池一样有十格，那么有的人能量是满格，有的人只有三四格，而有的人则是不定期断电。

高能量的人和低能量的人，在我们身边都有。高能量的人是能带给你正向影响的人，比如心态积极乐观，勤奋努力，大气励志，精神饱满，敢于挑战自我，自律并且经济精神独立。他们做事稳重，有解决问题的能力，善于共情，能充分理解你。与高能量的人相处，你会觉得自己的力量也被激发与增强。

相较之下，低能量的人会消耗你的能量，他们通常表现为认知层次较低，消极迷茫，抗拒改变，懒惰且不愿意主动面对问题。他们可能具有强烈的攻击心性，经常抱怨，从不感恩，爱占便宜，并且不关心身边的人。与低能量的人相处，你可能会感到心情变得沉重和糟糕。

能量可以决定我们的人生走向，所以多和能量足的人交往，会给你带来不一样的影响力。

6.2 人际关系的积累很重要

人走上社会，要明白出门靠朋友的真理。如果不懂得积累人际关系，只靠自己的力量，路的拓宽可能会比较慢。

6.2.1 世事洞明皆学问，学会尊重、理解和包容他人

许多人觉得自己的人际资源不够强大，但实际上并非如此。对于我来说，大部分的朋友和生意伙伴都是我相识 15 年以上的人。我们曾经一起工作，分布在各个行业。正因为明白人际关系的重要性，我们一直保持着良好的关系。每当我涉足新的行业时，这些老朋友都会一同参与或支持。

在前期维护人际关系，看起来可能没有太多实际用处。但是随着时间的推移，这些关系会变得越来越牢固。当你年过 40 岁后，无论你再怎么付出努力，都无法再建立起牢不可破的关系。

世事虽然繁杂，但只要我们能够洞悉其中的规律，就能从中学到许多学问。学会尊重、理解和包容他人，才能成为一位高手。

6.2.2 人最大的成功是经营自己的信任圈

信任，是我们成就任何事情的关键，是一切价值的基石。信任究竟是什么呢？它是为人可靠、真诚和真心的体现。要获得别人的信任，首

先要发现他人的价值，欣赏和吸收它们，并在相互交往的过程中做到事事靠谱、有着落，这样基本上就建立了信任的基础。

而当我们自己获得了某种价值之后，我们也应该愿意与他人分享，让他人在我们这里获得价值。这样就相当于建立了一个基于社交关系的信任圈。在合作过程中，能力和资源要排在信任之后，拥有核心的信任圈实际上就拥有了人生中最核心的竞争力。

6.2.3　人生就像一盘棋，你得下好这盘棋

每个人都不能脱离人际关系和社会网络而独立生存。在积累人际关系方面，重要的是先付出后收获，以及先给予后得到。这是一种实现双赢的简单方法。

生活和历史的发展都不是线性的，过于固定的生活和轨迹会固化我们的思想，所以要勇敢地走出舒适区，去结识更多的人，拓宽自己的视野和思维方式。有时候，别人的一句话就足以点醒一个人。

6.2.4　要想人际关系好，心里要有情和义

我一个朋友曾让我损失了些利益，共同的朋友说要找他拿回来，我说没必要，因为他前期也很支持我，这些利益就当我还他了。如果换成是另外一个人，一个从来没有支持过我、帮助过我，那我肯定要拿回来。

就像我刚创业开第一个工厂的时候，订单量少、资金紧张，大部

分人不愿意帮助我，但有些供应商朋友支持我做下去。最近采购跟我提出更换供应商的想法，我的意见是只要这些供应商不出质量问题，价格即使不是最低，能给他们做就一直给他们做。这个情我要记得，没人支持我的时候是他们在支持我。现在我工厂生意好了，就更不能抛下他们，也正因如此我有很多合作了十多年交情的供应商朋友。

有网友留言问我："为什么有些网友会得到我的热心帮助呢？比如建议、方法、资源等。"我其实是一个爱帮助别人的人，这一点无论是在线下还是在线上，从来没有改变过。同时，我也是一个懂得感恩的人，谁帮助过我、支持过我，我记得清清楚楚。

我认为，除了赚钱以外，有情有义地活着更重要。

6.2.5　相信别人是一种能力

我在与人沟通时，首选是相信别人。如果在生意场上涉及利益关系来往，在相信你的前提下，我会遵守我的原则办事，流程该怎样就怎样，做好自我保护。

有个朋友是通过线上与我认识的，借了我不少钱。答应还钱的日期已经过了，前几日和我说了还款计划，我说我相信他会还我，到期未还一定是碰到了困难，但我相信他一定在想办法。果然没过多久，他把本金和利息一起还给了我。他还感谢我一直相信他，也表示一定不会辜负我。

儿子去年的竞赛成绩被很多人看不上，我一直和儿子说："我相信你行，我帮你一起找方法提高学习成绩。学习这件事，就怕努力勤奋，只要坚持在正确的路上多付出，你一定会一举高中。"果然，这次竞赛，儿子取得第一名。

你能相信别人，是一种很大的能力。这种能力会带给你安心，也会带给对方信心。当然，信任别人的前提是，你有能力预判并阻断一切可能 的风险。

笔记栏

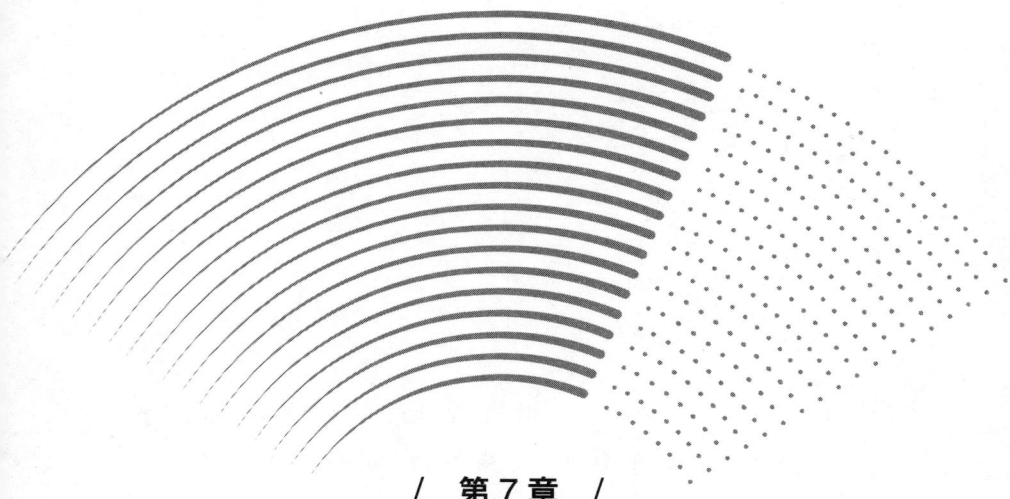

第 7 章

创业，从找到好的
问题开始

创业要敢于冒险，
但也要有冷静的头脑和全面的计划。

思维模式决定了在同一个平台上，你能看多远，能走多远。一个人看问题如果没有全面的底层逻辑支持，就只能在风口优秀一时，而无法追求长远的成功，短期的利益只会让你陷入乐此不疲的奔波中沾沾自喜。

7.1　你的性格决定创业的风险

在深圳，很多人和我一样，二十年前都是从基层做起，慢慢地打拼出自己的一小片天地。很多人来了，又有很多人走了，能在这里扎根的，谁没有在痛苦中痛哭过？但是我们依然斗志在怀再出发。辛酸和压力，代价和付出，是我们每个人都要经历的，唯有如此，才能最终获得成功与荣耀。

高速发展的城市，必将包裹我们随着时代一起高速发展。

7.1.1　我的"打工"路

我的职业生涯可以说是一步一个脚印，每一次的转变都是一次新的挑战和机遇。在这个过程中，我不断学习和成长，逐渐掌握了丰富的经验和技能。

回顾起来，我在第一家公司工作了一年，虽然只是一名储备干部，但通过与领导和同事的交流学习，我对工作流程和业务有了更深入的了解。随后，我进入第二家公司（第一家公司的供应商）。这个经历让我更加熟悉了供应链的运作和管理，也锻炼了我的沟通和协调能力。

不久后，我进入第三家公司（第二家公司的客户）。这一次的经历让我更加了解了市场需求和客户心理，也提高了我在商业谈判和客户服务方面的能力。

最后，我进入了第四家公司（第三家公司的供应商），并一直在那里工作了六年，也是我职业生涯中的最高峰。那个时候，我是深圳分公司的负责人，负责管理团队和技术项目，有幸与许多有前景的公司合作，并与高层领导直接对接，学到了许多宝贵的经验和知识。

在那些年里，我的月薪从最初的 1 200 元逐渐提升到数十万元的年收入。我深知机会只留给那些有准备的人。所以，我时刻保持谦虚和学习的心态，不断提升自己的能力和价值。

通过在不同公司之间的转换和历练，我积累了丰富的经验和知识，成长为一个全面发展的职业人。我相信只要坚持不懈地追求进步，未来的道路一定会更加光明和成功。

7.1.2　我是如何走上创业路的

在 2001 年，深圳各行各业都蓬勃发展，特别是电子产品行业前景广阔，尤其是消费类产品如 VCD、DVD、主板、显卡、MP3、MP4 等个人消费类产业发展如火如荼。当时，我所在的公司决定在深圳设立分公司，由我和 A 同时负责两个团队分别展开工作，每个团队有十多个人。

　　A 比我年长几岁，聪明能干，资源丰富，他迅速选择了很多消费类的行业，并展开工作。而我决定先做市场分析，带领团队分析客户需求，最终选择工业大类产品作为目标群体。

　　我当时想，无论消费类行业发展如何，都离不开背后的工业通信网络建设，这是一个未来社会发展永远不会过时的行业。这类客户前期磨合时间长，需要报备厂审、打样确认，最后签署战略协议。所以，一年内我们无法取得太多效果。年底时，A 团队庆祝他们的成果，而我们只能低头沮丧。

　　然而，我知道消费类行业更新迭代频繁，大浪淘沙之下，很多客户生命周期较短。虽然眼前看起来热闹非凡，但长远来看，这可能会让 A 团队疲于奔命，也会让工厂陷入无序的更换中。

　　第二年，我带领的团队效益显现了出来，订单和合同突破 A 团队一年的总额。我在和客户的合作中发现，客户的需求是多层次的，所以我又联络了各种生产不同层次产品的同行一起参会。尽管在公司会议上遭到领导的反对，他们担心将来我们会暴露在竞争对手之下，一旦竞争对手壮大，将对我们造成致命伤害。但我提出："如果客户有 1 000 万元的订单，而我们只能满足 500 万元的需求，那么剩下的 500 万元也会面临竞争。如果我们把这部分业务推荐到认识的同行，那么这个竞争难度就降低了。同时，同行也会碰到同样的客户群体，对于他们无法合作的产品和项目，一定也会首推给我们。"

我还提出："如果年底的效果不好，我们团队所有的奖励都不要，但是如果达到目标，我们团队不按 A 团队的分红机制执行，我的团队要纯利的 15%。"

最后几个领导同意了我的方案，我趁机与公司签了三年的合作协议。A 团队依然忙碌如常，大部分时间和同行在一起。我这个团队相互交叉利用资源，大家共同结盟，共同合作了很多现在的上市公司，其中包含华为一个网络产品六年指定的供应商。客户领导们非常愿意和我聊天，因为我从合作双赢的角度出发。

到了 2005 年，我为工厂赚取的利润达八位数，在香港地区和深圳地区的分公司里，我们团队的成绩是最好的，而且在同行和客户之间建立了良好的人际关系。

后来，我准备自己投资开公司创业。在我即将离开公司的那年的年终晚会上，几位 60 多岁的领导请我去坐在首桌，以此答谢我曾经为他们拼搏的岁月。

回看比我起步高的 A，他各方面都比我强，有着丰富的资源平台，却没有找更高阶的人合作。他也没有意识到，领导们的资源也是自己的资源。

所以，思维模式决定了你在一个平台上能看多远、走多远。

7.1.3　什么是生意

在很多创业新人的理解中，做生意就是批发，只需要以 10 元的价格拿货，然后以 20 元的价格卖出去。然而，如果想要真正学会做生意，就必须经历全流程，必须了解生产材料的差异、BOM（物料清单）上物料的差别、成本的控制、沉淀成本和资金成本的核算、库存周转率以及流程中产生的费用等。

如果一款产品价格为 50~500 元，大部分人是看不出其中的差距的。即使是我们常用的手机和数码产品，也只有少数人能够明白 2 000 元和 4 000 元的产品差距在哪里。除了品牌的溢价外，更大的差异来自物料成本的不同。

没有亲身经历在工厂工作，很难理解 BOM 上的差距。然而，市场是如此广阔，人们对事物的认知也分为多个层次。因此，不管什么样的产品标价，都会有受众。

7.1.4 做事时，质量要达标

每次去找朋友喝茶，我都习惯让朋友带我参观他工厂的整个车间、仓库、生产线和测试流程。有一次，我又去参观一个朋友的工厂，我的好为人师的毛病又犯了。我毫不犹豫地指出了他的 PCBA（印制电路板组装）设计存在问题。

首先，PCB（印制电路板）板的设计在分板时采用了邮票打孔的方式，掰开时会产生锯齿状的边缘。在装配过程中，很容易碰到小的元器件，特别是 0402 尺寸的小件。这些尖尖的角一受到碰撞，元器件就会变得松动，给消费者的使用带来潜在的隐患。因此，我们需要将分板设计改为 V–CUT 直通型，厚度 0.03 厘米。这样一来，不仅可以降低元器件掉落的风险，而且在装配完成后也不会留下毛边。

其次，朋友的生产线上 PCBA 没有进行包装隔断，而是用气泡棉进行隔离。这样一来，下层的元器件很容易松动。虽然在测试时一切正常，但还是要考虑在发货时避免这种情况的发生。我提议采用胶盆只放一层的方式，并且要求员工在拿取时用手指夹住两边的板边，以避免静电击穿的问题。

再次，装配过程中没有使用套装来分离产品。这导致在入库包装的过程中，很容易在油面的塑料件上造成隐性擦花。在灯光的照射下，这些痕迹清晰可见，容易引发消费者的投诉。为了解决这个问题，需要改进装配流程，确保产品在入库包装之前完好无损。

最后，端子底座需要供应商预先装配好。但单一底座无法检测端子是否卡位，只有在装配完成后才能发现。如果出现问题，返工的时候可能需要重新装配。因此，最好在做最后一道工序时拆开底座的合模件，自行安装。这样只需要一秒钟的时间就能检查端子是否卡位了。

当我说完之后，朋友表示高度赞同，并认为这样一来他的产能可能就由每小时 3 000 个提高到每小时 4 000 个了。

7.1.5　创业首先要学会做金牌的推销员

有些人真的不适合创业。

在某次聚会上，主角 A 从天文讲到地理，从风土人情讲到他的生意，在场的人都觉得他很厉害，当然，我们对 A 的生意也有了大致的了解。

在那次聚会上，我还遇到了一个年轻人，他一直保持沉默，不喝酒也不与人交谈，给人一种怯生生、放不开的感觉。他就像一个影子一样被人们忽视。我走上前去，随口跟他搭了一句话，他竟自称认识我。

经过一番交谈后，我了解到他曾是我朋友公司的业务员，12 年前我的朋友曾带着他去过我的公司。他在我朋友公司工作两年后，决定自己创业，一直做着小规模的生意。生意一直不温不火，所以想通过这次聚会多学习一些经验。

我告诉他："创业首先要学会成为金牌推销员，不仅要推销产品，还要推销自己。只有当大家愿意与你交朋友、与你做生意时，你才算得上是一名创业者。这是每个创业者必须掌握的基本技能。"他很感谢，但坦言与人聊天让他感到紧张。我鼓励他，只要想改变就会找到克服紧张情绪的方法。

7.2　如何根据问题开始创业

前面内容有提到，大部分消费者缺乏分辨产品的能力，所以很多时候，劣币当道，消费者用相当于优质产品的价格买到了劣质的产品，特别是消费类的产品居多，因为大部分消费者是能用就行，但是对于我们做工业产品出身的，有一双慧眼，知道一分钱买一分货的道理。

7.2.1 做生意，要有一双慧眼

这里以网线生意为例。市场上常见的规格是一箱 305 米。然而，价格却从 300 元到 800 元不等。令人惊讶的是，很多售价在 300 多元的一箱网线，其利润反而达到了 30%，而售价在 400 多元的网线，利润只有 10%。那么，这些不同价格的网线之间究竟有何差异呢？

首先，材料是关键。优质的厂家选择使用铜作为主要材料，而一些厂商则采用铜包铜或铜包铝的方式制作网线。其中的差异在于原材料的不同，铜包铜是由 60% 的青铜和 40% 的铅混合制成，而铜包铝则是在铝的表面镀上一层铜来冒充铜原料。

其次，有些厂商在制造过程中偷工减料。以线径为例，正常的直径应该是 0.5 毫米，但有些厂商却采用直径为 0.47 毫米或 0.48 毫米的线径。

再次，胶料也是影响产品质量的重要因素。优质产品采用新材料制作胶料，而劣质产品则使用回收料制作，在外部再涂上一层新料。对于普通消费者来说，很难察觉出这种差别。

最后，由于一般消费者使用网线的长度较短，比如十米或二十米，因此他们很难察觉到好坏的差别。然而，好与劣的区别在于传输距离是否达到标准，以及网络或图像传输是否稳定。劣质产品由于电阻大、阻力大，无法满足项目或工程的需求，导致售后问题频繁出现。

许多消费者会选择低价的产品，却没有意识到次品商家的利润更高。为了追求利润最大化，厂家甚至不愿意生产更好的产品。

最近我去了宁波，在朋友的工厂了解到了牙刷和美容仪在市场上的价格差异。许多品牌电商利用消费者对产品不了解的心态，通过外观上的相似性来吸引消费者购买。实际上，这些产品内部的核心物料可能存在几倍的价格差异。这也是为什么很多产品在面对终端消费者时，消费者无从选择的原因。

7.2.2 做生意，赚和亏都是常态

做任何生意，都不可能做到绝对赚钱。赚和亏都是常态。

今年我有两笔生意亏钱，但从总账上来看，亏损只占到我所有生意赚到钱的 15% 左右，这是一个正常的状态。

如果生意只有单一的来源，亏钱确实会让你心慌，进而影响你的判断和决策。这种痛苦我在早期创业时尝试过。就像买股票一样，如果你永远只持有一只股票，就会既怕它飞走，放在手上又像烫手的山芋。

后来，我学会了多管道布局，不把鸡蛋放在一个篮子里。就像买了五六只股票，此涨彼伏，总账是盈利的，就不会在乎一个地方的亏损了。

做生意做到最后，图的不是面子和排场有多大，而是每年有稳定的

收益和现金流。

7.2.3　做生意要有分寸，知进退

某天我遇到了一个女孩，她在做生意方面表现得非常出色。她的推销话术娴熟自如，让我对她的才华赞叹不已。

下午两点多，我在关外忙得不可开交，下高速公路找餐厅吃饭。看到只有一家餐厅，我便走了进去。停好车刚进门，女孩就迎了上来，亲切地问我："阿姨，您来吃饭吗？"

坐下后，我接过她递过来的两本菜单，准备点一个小炒。她对我说："阿姨，您一个人，不要点菜。这是快餐，您点这个。"然后她向我推荐了一道芹菜炒牛肉。她接着又说："您下次带别人来我们家吃饭，就可以点炒菜了。"随后她给我倒上茶，说："我们这个茶很好喝的，阿姨您试一试？"

她点好菜后，坐在我对面。我称赞她很可爱，问她为什么不去上学。她说 11 号才开学，所以现在在休息。我拿起手机看了下时间，她看到手机屏保是我儿子的照片，便问："阿姨，您有几个小孩？"我说："我只有一个。""那这个女孩是谁？"她指着手机屏保旁边戴墨镜和帽子的女孩问我。

我说："这是我啊。"她马上发出一声惊叫："阿姨，您怎么这么年轻，就有这么大的哥哥啊？"

我笑着解释："因为化妆，又戴了眼镜和帽子，所以显得年轻。"女孩盯着我的脸看了一会儿，说："不是的，阿姨，您本人也很年轻的。"我笑着说："你太会聊天了，这么小就这么聪明，是不是很多人夸你？"

女孩甜甜地笑着说是的，来店里吃饭的人都经常夸她，还有人给她一块钱或者两块钱零钱作为小费。

我说我要给她拍一张照片，因为她这么可爱，又会聊天，又会做生意，我真的很喜欢她。于是我拍了一张她的照片，她看了后说："阿姨，您把我拍得太美了，您太会拍照了，拍得和您一样美。"听到这话，我们俩又合影了一张。

在等待餐食的过程中，她问我："阿姨，外面的车是您的吗？我妈就很笨，总是学不会。您下次能不能教一下我妈？如果我妈像您一样会开车，就可以带我出去玩了，省得每次都是我爸带我出去。"

我告诉她，我不能教她妈妈开车，因为只有专业的教练才能教。她又接着说："您的车一看就比我爸的车好。我爸的车才十万元，您的车一看就比它高级很多。"

我笑着说："不管你去哪儿，只要是汽车，花费的时间都差不多，所以车的品牌不重要。"

整个过程中，她一直和我聊天。她妈妈在收银台收钱，她爸爸在炒菜。每道菜做好后，她就去传菜台递菜，边递菜边对客人说："这个菜好吃。"

回到我桌前时，她问我："阿姨，您还需要什么吗？"我问有没有汤。她说有，但是已经凉了。于是她去给我加热了一下。不一会儿她把汤端上来后问我："阿姨，我喜欢吃煎荷包蛋，您要不要加一个？真的可好吃了！我吃一个煎蛋搭配一碗饭正好。"

我点头同意。看着她天真可爱的样子，我可以想象出它一定很好吃。于是我说："加一个吧。"饭菜上来后，她对我说："阿姨，晚上您会再来吃饭吗？我们家现在有小龙虾，好多人晚上都会来吃的。还有人喝酒呢。如果您来了，我叫我妈给您留个好位置。"

我表示遗憾地说："我只是路过而已。"她体贴地问我，吃饭是否需要开风扇，因为吃着热饭，身体有可能会感到很热。结账时，她告诉我金额是 18 元，我用微信支付了 20 元。我对她说："小妹妹，这两元是阿姨奖励给你的。你很聪明、很可爱。将来有一天你一定会很有出息的。希望你继续保持下去。"

现在回想起来：

她只有八岁，但说话做事落落大方。她非常善于观察细节：我刚到大门口时她就跑出来拉开门迎接我，见我是一个人，并没有直接推荐我点小炒，而是给我推荐了快餐。虽然这样可能让生意额少了一些，但在我们的聊天中，她婉转地推荐了自家的小炒和小龙虾，显然她懂得延迟满足感的重要性。

她的社交和口才拿捏得很有分寸：知进退——加荷包蛋和询问是否

需要开风扇时，就像在家里吃饭一样温馨自在地随口一问；就连小费也是接着我表扬她的话题无缝对接的，如果突然来这一句肯定很突兀，而且我也不一定会给小费；非常有同理心——会站在对方的立场上考虑问题，感觉就像一切都在她的掌握中一样，她会给出很多选择让你高高兴兴地接受她的安排。

7.2.4　做生意，要有目标导向思维

昨天和朋友们从下午三点聊到了晚上十一点，其中主角 A 是一名女性。她是一家上市公司的股东，五十多岁，但从外貌和气质上来看至少要小十岁。她和股东将公司打拼到上市以后，获利颇丰，便不再分管公司的任何事务，这五六年处于一种四处游山玩水的状态。

她是去年我的好朋友 B 号召我们出去旅游时认识的。朋友 B 在深圳又约过大家两次，总共与她见了三次面。我与她算不上熟悉的朋友，交往、聊天较少。

前些日子，她给我发来微信，说想要见一面，那会儿我皮肤过敏正在医院，于是简单地回复了"在医院不方便"几个字。后来，她又给我发来微信，不巧的是我又在医院，我还是回复"晚一点，我在医院检查"。近日，她又给我发来信息，我觉得有些不好意思，于是回复她"下午来找我"。

从我个人或者大部分人的角度上来看，被别人连续拒绝，不管是真

的不方便还是假的不方便，在内心还是会有一点自尊心受挫或者"玻璃心"的，情绪上多少会有一些波动，再约的可能性就会降低了。从这个细节上，让我对她刮目相看。

下午，她和她的先生一起到了我的办公室。她开门见山地问我："这段时间是不是在宁波和台州出差？"原来她和朋友 B 前几天见了面，朋友 B 随口说有一次约我，我正好在宁波和台州出差。朋友 A 就记在了心上。

朋友 A 有相当强的洞察力，一听到朋友 B 说我在宁波和台州出差（宁波是注塑机集中地，台州是模具之乡），她将细节一对应，就知道我在什么行业发展和做什么产品。她还准备了几套方案，并且巧妙地避免了与我的现有产品同质化，而是直接针对我产品下一阶段的客户或市场推出了她的方案。不仅如此，她方案里列的资源中，特别提到了她的亲戚具有行业的出口资质，也就是说，从她听到我在宁波这个消息时，她已经将 1~100 步的每一个关节都已经做好计划及实施的步骤。

到了晚饭的时间，她在微信上已提前约好了我们共同的朋友 B，我们边吃饭边聊项目。忽然，她又打电话给共同认识的朋友 C，大家在一起聊到晚上 11 点。

晚上回到家里后，我躺在床上想这一切，其中的几个细节让我非常佩服：

第一，约我的时候，她完全没有受到情绪上的影响，而是展现出一种目标导向的思维方式。成功的人是没有敏感的"玻璃心"的，但凡对我有一点意见，我们都不会见面。

第二，见面时，她不仅对我所做的产品判断正确，而且也知道我产品的产业链是什么，还带来了小家电的项目，说明她是做好了两手准备。

第三，人际关系的处理，她让我觉得每一步的节拍和火候都那么恰到好处，悄无声息地约好 B，而没有当着我的面打电话约，B 的到来让我无法离开。而晚饭中，打电话约共同认识的朋友 C，那个气氛下，烘托出来的是大家已经是同盟的气势。

整个见面过程中，我都没有跟她说必须合作，而她则是把所有的计划和资源放在我面前，任由我选择。我只能说，在这一方面，她比我强太多了。

7.2.5　做生意和做人都需要讲诚信

做生意和做人都需要讲诚信。曾经，我工厂的外贸业务经理在报价时遇到了一个问题。客户提出了一个工艺的变化要求，导致成本增加了10%。然而，这位业务经理按照原价报出了价格并与客户签订了合同，收到了客户 30% 的订金。当下单审核到工程部时，我发现了这个问题。通过查看客户和业务经理之间的邮件往来，我发现客户曾与业务经理沟通过这个工艺问题，但他并没有意识到工艺不同价格也不同。

于是，我决定向客户说明情况。我告诉客户："如果下次按照这个工艺再下订单，价格将会上涨 10%。但是，对于这一单，我们仍然按照原价完成，希望您在货物到达之前有时间通知您的客户群体。"客户同意了我的提议。尽管当时我们可以强行加价，大概率客户也会同意，但是我们选择了理性客观地分析问题，并为以后的合作长远考虑。

最近我们团购定制牙刷时，小助理因为不了解产品的差异而出现了一些问题。首先，原来统一定制的白色牙刷有很多人买了几支，担心不好区分，于是小助理就提议可以发渐变色的牙刷。然而，使用渐变色在喷油和生产过程中导致了许多报废品，一支牙刷的成本增加了五元。其次，我们设置了只有部分区域包邮，但是很多较远地区的客户购买后没有及时告知他们无法享受包邮。第三，她找的快递公司虽然价格便宜，但是在打包的过程中可能会出现问题。因此，我们需要委托工厂安排专人使用专用箱子打包，这使得每支牙刷又增加了两元的成本。

小助理当时问我是否要将这些情况告诉购买的客户，并让他们补差价。我制止了她的做法，因为在做生意时，合同和口头的承诺都需要遵守。购买产品的客户们并不会在乎这几元钱的差价，但是这是我们自己的失误，不应该由他们来买单，这就是商场的规则。

无论是做人还是做事，我们都应该对自己的言行举止负责。更重要的是，我们要对自己的商业行为有兜底的能力。只有这样，我们才能建立起长久的信任关系，为自己的事业打下坚实的基础。

7.2.6 生意人的思维，要学会先把握机会

有一个粉丝在社群里问我："我家装修的包工队长找我说，他干装修工作有十年，让我跟他合伙做橱柜生意。店铺租金每年两万元，一人一半。您觉得如何？"我回复她，成本低的话可以尝试。

我在社群里看到很多人反对，原因是"认识不到一个月，没有信任，天上不会掉馅饼，别人图你什么吧"。我倒有一些不同的想法：

生意人的思维通常是，没有机会，去找机会，找到机会，机会中再创造机会。

比如：做生意是机会为先，包工队长找到你合伙，是给你一个机会，他做装修十年再做橱柜生意，肯定是在以前的生意上有积累和爆发，才会衍生这个业务。

而且店铺租金两万元一年，从你的角度上来说，每月两千元赚不回来吗？你在开店、接单、做账、整理报价单的过程中，不仅能了解整个橱柜行业和做门店生意的知识、细节和生意经，而且还能接触到客户在整个装修中要用到的各种材料。除了橱柜外，你如果机灵一点，说不定还会发现新的商机。

十几年前，我有一个朋友在外企工作，每月拿着 5 000 元的底薪，后来她的亲戚叫她看店（在装修城里卖床），她就辞了外企的工作，当时亲戚每月给她 3 000 元。刚开始的时候，她只是一个售货员，慢慢地，

自己找到门道，开始找厂家合作，自己在乐安居开了一个门店。这十来年，她不仅在乐安居开了几个门店，而且还参股了一个小型的床垫工厂，名下有几套房子。

为什么举这个例子，因为我曾经对她说："给别人干，月薪差不多是5 000~10 000元，但是这3 000元，虽然少了2 000元，但相当于一个人把你领进门，如果你有心自然就会拿到比5 000元更高的收入；如果你无心，过一年再回来工作也没有什么损失。经历和机会，是有钱买不到的。"

我的妹妹和弟媳，在21岁刚走上社会时，我的母亲各给了他们一笔钱做生意，一个是工艺品批发，一个是在省城大学城里卖饰品，最后都是以亏损结束。就像游泳一样，你学再多的基础知识和技能，但是你不下水去实践，就永远学不会游泳。

为什么我们明明知道有一半的概率会亏损，还是要让他们去尝试呢？因为生意需要不停地小步试错，才能找到适合自己的生意之道。这个包工队长是给你机会，而且试错的成本如此之低，你想一想，在实践中试错是否比在理论中成功更有意义？如果做生意接受不了损失和试错的成本，那就永远无法成为真正的生意人。

最后，我还是劝这个粉丝不要错过这个机会。

7.2.7 做生意的过程中，如何应对意外状况

在做生意的过程中，无论你规划得多么完美无缺，还是会出现意想

不到的状况。前面我提到一个牙刷团购的故事，团购快完美落幕时，又发生了一件令人意外的事情。

朋友工厂的某电商大客户，在我发的微博照片中发现了朋友的牙刷样品。那些照片是我去年四月份去朋友工厂拍的，虽然我已经把 logo 用马赛克遮挡住了，但是朋友工厂的私模，他一眼就认出来了。

他一对照，发现我们卖 139 元，而他们在网上卖得最火爆的促销价是 293 元。这下他们不高兴了，一大早打电话给我的朋友，要求我的朋友降价，因为他们每一款牙刷的采购量都是几万支起步。我们只采购几千支，价格却这么低。

从商业逻辑上来说，他们需要支付平台费、推广费、库存费、员工费用，还有售后等费用，卖 293 元也算是良心价格。我们卖 139 元，是因为他不了解我们所有的售卖过程都是接近免费的，只是在产品上，算上了显性的成本和物流等费用。

我的朋友其实也不了解我们的销售模式，因为我们只是当成福利品一样进行出售，小范围内只做一两次，那么这种让利活动就无可厚非。如果长期售卖，那朋友就不会把有完全相同参数的产品给我们，必须进行区分。

生意场上进行的是一场没有硝烟的战争，很多想象不到的细节，我们都称为意外。只有具备解决所有意外的能力，才会帮助你在做生意时思维和视角变得更宽。

面对上面这个问题，我们不能仅仅以竞争对手的价格为基准来确定自己的售价，我们需要综合考虑各种因素，确保我们的售价能够覆盖成本并获得合理的利润。

此外，如果我们的合作伙伴不了解我们的销售模式和策略，可能会导致一些误解和冲突。因此，我及时与朋友沟通，解释了我们的销售方式和定价原则。只有通过合作和理解，我们才能共同应对挑战并取得成功。

7.3 创业需要多方准备

创业需要从多方面进行准备，还要比别人要多一些用心，比别人要多一些耐心，更重要的是比别人多一些信心，因为不是所有的创业都能成功。

7.3.1 你背在心里的知识点，不是标准答案

在教小助理开始做生意时，我发现她做云助理可以打满分，但是做生意，从商业思维的角度来看，她还是一张白纸。

做生意，要考虑和预想的问题永远不是纸上谈兵和想当然。创业过程中是千变万化的，任何一个点都要考虑周全。这一点，很多人是不具备的。

大部分从来没有做过生意的人，对生意的模式和思考的方式比较单一，还有的人理论说起来头头是道，但真正的实操完全又是另一回事。因为在细节和判断上，需要因事而异、随变化而洞察。

做生意就像一场冒险旅程，充满了未知和挑战。我们不能因为困难而放弃追求进步和成长的机会。只有敢于面对困难、勇于尝试的人，才能在商业世界中取得成功。

成功的商人并不是一开始就拥有丰富的经验和知识，而是通过不断的学习和实践来提高自己的能力。他们善于观察市场、分析行业趋势，并灵活地调整策略以适应变化的环境。他们不怕失败，因为他们知道失败是成功的一部分，每一次失败都是一次宝贵的经验教训。

7.3.2 创业成功，其实就是在一些用心上

我喜欢吃煎豆腐，于是光顾了深圳大大小小的煎豆腐店。其中有一家小店，店主是"70 后"，在深圳做这个生意做了十几年，辗转了几个地方，在深圳买了四套房子。

很多人想创业，想做的生意很大，我反而觉得这种看似"不起眼"的小生意，才是很多人应该关注的点。

这家小店的店主是四川人。以前是一个机关大食堂的厨师，小菜做得很棒。由于晋升无望，他决定转行卖豆腐。他在深圳开过豆腐摊、豆腐店，还曾经在福田的一个地铁口租了一个门面，大约十平方米，投入

了约几万元的设备，开始创业。后来，他开了四家豆腐连锁店。

现在只余南山一个店面（也在一个地铁口），店铺租金一个月五万元左右，除了他和他爱人外，有四个帮工，每月总成本约十万元，但纯利每月是十万元以上。店面旁边的地铁站是几条地铁线的汇集点，人流量很大。他跟我说了很多经验：

（1）选址非常重要，人流量的大小决定了产品的销量。他一般把店面地址选择在地铁口、学校门口、景点门口或交叉路口。

（2）店面无须太大，十平方米之内完全可以开业。

（3）人员无须太多，1~3 人之间完全可以配合。

（4）做小食，靠的是手艺和香料的配合。总体来说，就是以味道为主。

（5）投资小，买个两万元 ~ 三万元的设备，以豆腐为主要小食，再加一些易做的小食，如煎土豆、香焖猪脚等，再配上经典的米饭，这样基本覆盖了对快餐、零食有需求的人群。

现在豆腐一天的销量是 3 000 块以上，一块豆腐进价是一元，两块豆腐卖七元，一块的毛利是 2.5 元，一天毛利近一万元。

土豆的选材也有要求，必须挑选大个的，这样可以搭配其他菜品卖。例如，一半豆腐搭配一半土豆，这样的组合大家也很喜欢。

焖猪脚的价位是 15 元 ~ 25 元，即一小碗和一大碗的区别。每天大约卖出 200 份以上，再加上卖各种饮品，这两种每天的收入在几千元。

做生意最重要的就是一定要在店铺开业后的半个月，每天计算人流，观察入店的购买人群和次数。刚开始不要抢任何人的生意，比如他刚开始就只做豆腐，突出他的特色产品，慢慢地，再把饮品以及其他小食带上。后来，其他店面的客人也开始陆续光顾。

为什么他选择经营的是豆腐而不是烧饼和奶茶？他说："第一，竞争大；第二，同质化店铺太多，客人的选择也会变多；第三，豆腐店的成本加起来在五万元之内，不像奶茶店和烧饼店仅加盟费和设备就要十几万元以上。"

7.3.3　创业开始就要给自己很强的心理暗示

我从创业开始，就对自己有很强的心理暗示：我能接受我创业中发生的任何事情，我会拼尽全力做最大的努力。如果我的公司倒闭了，让我回到了原点，我还是会不停地寻找机会继续往前走。除了我自己，没有人可以打败我的信念。

创业这些年，经历的成功和失败的案例基本上各占一半。但是我内心其实一直有一条红线——行情不好导致经营不善，我一定会及时止损；行情好带来的盈利，我一定会把赚到的一半资金用于提升整体员工的能力。

7.3.4　创业如何避免破产负债

我在生意场上十多年，见了太多生意人破产负债千万。为什么会有这种情况发生呢？

（1）公与私不切割。公司与私人的钱混为一体，前期创业阶段可以这样，但一旦公司运营进入正轨，就要剥离。

（2）公司快速扩张。公司刚有一点规模，就着急扩大生产，贷款买更多设备，买更大的厂房，表面上看起来资产很多，其实则不然。一旦现金流出现问题或业务萎缩，亏钱的速度远超赚钱的速度，甚至可能导致三年赚的钱在一年内就亏损殆尽。

（3）不懂居安思危，把辉煌当成常态，从不考虑行情万一下跌会带来什么风险和损失。要知道，有辉煌就一定会有衰落，因此需要提前做好应对规划。

（4）将红利误当成能力。赶上红利期，大多数公司都能赚到钱，只是赚得多与少的问题。一旦红利期过了，如果还用原来的经营模式，有可能就会出现不适应市场的情况，甚至导致亏损。

（5）没有止损的勇气。其实很多公司在生意失败之前都有预兆，如果能做到天天复盘，月月总结，每个季度进行数据分析，该止损的时候及时止损，公司生存的周期可能就会更长一些。

7.4 创业最重要的三要素：竞争、供应链、产品质量

我买过十几部手机，其中一部手机刚到手，开机没多久就出现黑

屏，这不能代表产品的质量不行，有可能是我正好遇见了概率很小的不良品。

看一个品牌产品的质量，不能用一个不良的概率否定所有的产品质量。

7.4.1　开公司容易，但经营好公司很难

我上次去我经常光顾的那家按摩店给我的会员卡充值，感觉两个技师各方面的服务没有以前好了。可能他们认为，老客户消费后再充值的概率没有开发新客户来得快吧。

很多做生意的人都会犯这个毛病，也就是说，对新客户如初恋一样对待，变成老客户后就像对老公 / 老婆一样随意。

我觉得这是一个商业思维的误区。我的两个工厂，客户群约 10~20 个，从来没有超过 30 个。A 工厂的客户群主要为外贸客户，B 工厂的客户群主要为服务行业的客户。一直以来，老客户占了一半以上，好多客户都合作了十年。

我的理念是，维护好一个老客户比开发两个新客户的收益大。因为一个满意的老客户背后会有几个新客户慕名而来。所以，在对老客户的要求和配合上，我都会想尽方法先让老客户满意，最大的优惠和配合也都是先给到老客户。

有能力把老客户留下来，我觉得才是做生意和做人的基本要求。一个一直支持你的老客户，我们要怀着感恩的心来对待。

7.4.2　没有竞争对手其实是让客人有更多选择

"有竞争对手的存在，其实就是为客人提供了更多的选择。"

这句话是我在十几岁的时候，我父亲对我说的。那时候，父母开了一些小店，类似于原来的供销社，店内出售很多小商品。其中有一家店，是专门卖一些金属制品，包括以前的自行车配件。

后来，商业街上开了一家也卖金属制品的店铺，父亲就把自行车所有的配件全部赊账给他，等于把整个类目的产品在这家店铺全部上架，标价与我家的小店一样，但是父亲给店主留了 20% 的利润空间。

我不明白，为什么我们卖十元钱的东西，也要让那家店铺赚两元钱，只有我们一家卖，那两元钱我们赚不更好吗？父亲说："这两元钱是可以赚到，但是只有我们一家卖，假设有 100 个潜在客户，可能只有 80 个人会买。但如果让那家店铺也卖，那么 100 个人都有可能成为我们的顾客。"

这句话我记得很清楚，只要货源是我们家的，所有的客人都不会流失。有竞争对手，就代表你让客人拥有了更多选择。

确实是这样，商业街上如果只有一家餐饮店，客人反而会来得更少，他或许 30 天只来吃一次。但如果有几十家餐饮店，客人每天可能都会来，按数据分析，你被选中的概率也会成倍增加。所以，商业逻辑其实也是一种人性逻辑。

7.4.3 一致性是检验工厂严格执行质量标准的体现

我的 A 工厂长期合作的是外贸客户，每一次出货时，各个流程都严格按照作业指导书进行。在每一个步骤中，工厂都会对照上一次生产的图纸和参数，就连小小的包装也不例外。

这里我举两个例子，我们的产品和外包装一直使用 20 mm × 30 mm 的标贴。一次，这个尺寸的标贴用完了，打标贴员直接将 20 mm × 40 mm 的尺寸的标贴贴在了包装盒上。这是一张很小的贴纸，一般人不会注意到。但是，首检不合格，最后不得不直接浪费了 1 000 多个包装盒，因为从包装盒上撕下来再贴上去，盒子上会有痕迹。

还有一次，我们出口的一款产品中有六个一模一样的产品包装在一起。在工厂出货时，我发现与上次出货的图片有一点点细小的差异，打个比方，就像六瓶酒一模一样，但是每瓶上有一个黄豆大的小标贴，放置的时候发现，有的标贴被贴在瓶底，有的则贴在瓶身。品质部门判定，要求产品全部返工，将所有小标贴贴在统一的位置。

这两个例子告诉我们，无论什么时候下单，客户拿到我们的产品都应保持与上次一样的标准。

一致性是检验一个工厂是否严格执行质量标准的体现。没有一致性的随机性管理是无法扎扎实实做好产品的。我们始终坚持以质量为重，以客户满意为目标。只有这样，才能赢得客户的信任和支持，才能在激烈的市场竞争中立于不败之地。

7.4.4　供应链的重要性

很多人在做生意时，自以为对供应链有所了解，但实际上他们对此一无所知，只知道谈论价格。

那么，怎么能证明你对供应链了解呢？当我进入工厂转一圈，你不需要开口，我就能知道你的工厂的产能和出货量。通过观察员工数量和设备数量，我基本上就能了解工厂的产能。当然，这里指的是我了解的相关配套厂家。

要做到对供应链了解，就得把握以下这些细节：

第一，要了解产品生产的相关数据。每一款产品在生产时都有一个大致的数据，比如这款产品的装配工时、设备的每小时产出以及瓶颈工位的投入。

第二，要关注品控方面的情况。品质报表做得再好，也不如生产线上的品质控制、IQC（来料检验）、QC（过程检验）、QA（出货检验）来得准确。通过这些报表，可以了解到这个工厂的良品率和来料供应商的品质水平，也能判断这个工厂的产品在市场上的定位。

第三，要了解整个生产过程中可能出现的问题以及正常的PMC（生产与加料控制）计划。举个例子，如果你要给某个工厂下一万台电子产品的生产订单，你需要了解从PCB开始备料到各道工序的生产时间，以此来判断工厂实际的出货时间。如果你不了解这些信息，在谈判时就会失去优势，要么对方说了算，要么你就得强行接受不完美的产品。

例如，去年四月我去台州的一家工厂调研时，工厂负责人告诉我他能做多大尺寸的设备。我去他们的车间转了一圈后告诉他："你做不了这个尺寸的设备，因为你的主要生产机器的精密长度和打孔速度决定了你无法完成这个任务。"工厂负责人马上说："你是行家。"然后马上告诉我，他们是接了订单后再转到外面的工厂去做。

如果你去工厂看不出这些细节的话，一些风险可能也就无法预估到。此外，还有很多细节需要注意。总之，如果你不懂供应链的话，当工厂负责人说了一句行内话，你可能都不知道这句话是什么意思。

7.4.5　关于工厂质量品控

很多朋友没有去过工厂，不了解生产全流程的质量控制标准，于是向我咨询关于工厂质量品控的问题。简单来说，无论多大规模的品牌，都无法在生产过程中实现 100% 的合格率。

这里以电子产品为例：

首先是原料环节。各种半成品在交货给工厂时，工厂会进行 IQC 来料检验，主要采取抽查的方式。不同的物料有不同的标准要求，例如主芯片和电机等要求合格率为 100%，而其他物料的合格率则在 99.9% 至98% 之间。一个电子产品可能需要使用几百种物料，而这些物料的标准各不相同。

其次是生产过程。在生产过程中，不良品是难以避免的，几乎每个工序都会产生不良品。例如，在 SMT 过程中可能会出现少料或错位等问题，而在焊接过程中可能会存在焊点多锡或空焊等问题。同时，每个产品的电性能测试和功能性测试都会通过机器进行测试，在测试过程中仍然可能出现不良品。

再次是包装环节。如果一个电子产品的配件较多，在人工操作时可能会出现少料的情况，比如包装时少放一个插座或一根线等，当然这种概率较小。生产线上通常会采取抽查的方式进行检测，但无法做到百分之百的准确。

任何产品都有可能出现不良品，这些不良品可能包括外包装、产品外观、工艺以及功能性等方面的问题。我之前提到过，即使功能性测试百分之百通过，也不代表不会出现不良情况。根据我在工厂多年的经验，测试时为良好的产品，出厂后到达用户手上时出现功能不良的概率约为万分之一。即使是大品牌，售后工程师在现场也需要面对这个问题。

如果我们将产品出口到国外时，万一出现一些不良品，我们会为客户提供备品备件。通常情况下，备品备件的比例控制在千分之一至千分之二之间。也就是说，只要不良品的比例在这个范围内，整批产品都可以被认为是合格的。大部分从事工厂工作或行业内的客户都了解这个出货标准。

7.4.6 找资源，一般要从上找到下

不管是做生意还是拓宽渠道市场，我个人建议一定要找客户的主要负责人，从下往上找的人际关系曲折且力量太小，建议不用。而如果找主要负责人，就会有很大的不同。如果双方沟通顺畅，从上往下走就会顺利很多。

我把这个理念从工作运用到生活，比如我去果洛买虫草，找的是果洛虫草协会的会长。他不仅把虫草的所有知识给我科普一遍，而且在他的帮助下，我也买到了品质很棒的虫草。比如我做电商供应链公司，我找的是这个行业里经验丰富的元老级专家，或者行业协会的会长、副会长等，找到了这个人，基本上这个行业的资源和消息我就能用最快的时间了解到。

笔记栏

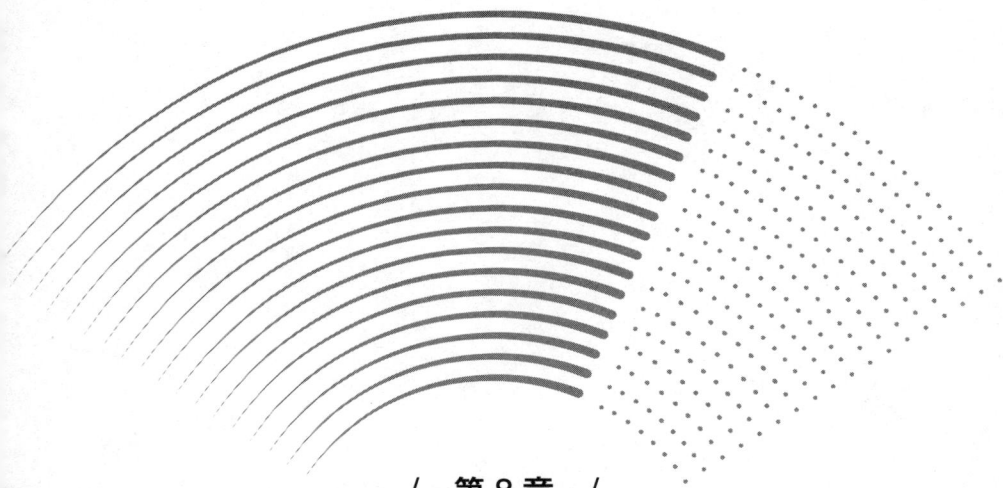

第 8 章

创业，应以终为始

目标设定得当，
就已经成功一半了。

——齐格·齐格拉

创业从来都不是一件容易的事情，我从初次创业后投了很多个大大小小的项目，2013 年、2014 年通过外贸赚到的两千万元也全部都投了项目，小的十几万元到上百万元，大的上千万元，投六个项目亏损三个，好在赚钱的项目基数大，亏钱的项目基数小才保住了每年的盈利。

8.1 只有不到十分之一的人适合创业

想创业的人，可以把想到的问题都写在纸上，然后反问自己是否能做到。如果你都能做到，证明你有部分把握可以去创业。很多人其实都没有把创业过程中可能会遇到的问题想清楚，就想开始盲目创业。说白了，他们只是想改变一种就业方式而已，并不是想真正的创业。

8.1.1 30 岁以后，是否只有创业可选

30 岁以后，是否只有创业可选？答案是：未必。

如何在大部分的普通岗位中，创建一条可以依靠的职业发展路径呢？那就是要把你的本职工作做得比别人出色，即使公司裁员，你也是最后一个被裁掉的。

举个例子，有一个外贸销售员，男性，"70 后"，一直服务于巴西的客户。他不仅在工作时间内为客户提供专业的服务，而且在业余时间经常提供非工作相关的信息帮助客户，让客户非常信任他，离不开他。

后来公司倒闭了，这位巴西的客户让他帮忙做第三方采购。

再举一个例子，一个 ODM（原始设计制造商）工厂的美工，男性，"70后"，每月工资为 8 000 元。他经常参加行业设计的一些培训和展览活动，不断提升自己的设计能力。起初，工厂的客户只是提供稿件让他设计，但随着时间的推移，客户们开始直接给他主题思想，让他自行设计，工厂非常重视他。后来，行业内也有人在参展前将产品彩页设计交给他来完成。这位美工还拓展了印刷和包装盒设计业务，每月增加了约一万元的收入。

还有一个例子，一个民营大公司的普通文职职员，女性，"70后"。她文笔好且热爱摄影。公司有内部刊物，她经常主动请缨免费帮助公司进行活动摄影并撰写稿件。后来她所在的部门被裁撤，领导非常看重她的能力，将她留在身边负责团建工作。

所以，创业有时候未必是第一选择。

8.1.2　怎样确认自己适不适合创业

根据我对创业者的观察，超过 95% 的人不适合创业。为什么呢？因为大多数人想要创业只是为了改变目前的状态，而并没有真正了解他们所选择的行业以及盈利模式。

如果你真的渴望创业，那么首先要做的一件事就是深入了解你打算进入的行业。你需要了解行业中有哪些竞争对手，市场规则是怎样的？在你进入这个行业后，你会处于什么样的位置？你的资金和资源能够支撑多久？你需要多长时间才能实现盈利？当面临亏损时，有什么方法可以扭转局面？

此外，你是否能接受创业失败对你人生产生的影响？你的创业资金来源于哪里，是父母的积蓄还是自己的储蓄？你是否具备超越常人的勇气和毅力，能够承受所有的辛苦和困难而不放弃？比如你想开一家咖啡店，你有没有先去你想开店的地方看看路口有多少人流？这些人有多少会进入你的咖啡店？在你想开店的地方，其他类型的咖啡店是如何盈利的？你有多大把握能够吸引他们的客户？你有多少创新点能够让客人愿意来你的新店消费？你需要卖出多少杯咖啡才能够抵消装修等成本？创业听起来很美好，但现实是残酷的，很多人一创业就会陷入倒闭的困境。

你想要进入某个行业，可能是因为看到别人在这个行业赚钱了。比如说电商，像亚马逊这样的平台，外界看起来非常诱人，一个人就可以轻松创业，没有太多成本。然而，如果你不了解产品、不分析竞争对手，甚至不愿意花时间去平台上仔细研究卖家的产品和评价，只是简单地注册一个店铺，学习一些基本运营知识，然后随意进一点货，然而半个月后只卖出去三个商品，库存还有 47 个，然后又去找另一个产品尝试。这样的创业方式属于无知的小白行为，虽然成本很低，但最终还是会亏损。

所以，我建议大家，如果你觉得自己不适合创业，但又想要有所作为的话，可以在主业的基础上利用业余时间做一些相关的副业。这样既能了解一个行业的发展，又不会让你损失资金和主业。当你的副业收入达到主业收入的几倍以上时，那说明你已经学会了如何创业。

只有在做好充分准备、深入了解行业之后，你才能够胸有成竹地面对我一开始提到的那些问题。只有这样，你才算是做好了创业的准备。

8.2　创业是一场持久战

只要涉及投资，尽量不要过多询问别人的意见。如果投资结果如你所愿，你会觉得别人的意见很正确；但如果投资结果与预期相反，你会后悔当初为什么要听别人的意见。没有人比你更了解全局，所以还是自己权衡利弊吧。

8.2.1　初次创业，如何开拓市场

一位粉丝向我咨询，他计划开办一家厨卫挂件的小加工厂。之前他在一家企业担任采购工程师，在原材料采购、资金风险控制和加工设备等方面具有非常丰富的经验。他想知道是先成为中间商，通过线下推销他人的产品来积累经验和客户，还是直接开设工厂，生产成品以价格优势为支撑去线下实体店推销来积累经验和客户。

作为初次创业者，我建议他先从中间商做起。由于他之前担任采购

工程师，对供应链有深入的了解，这是他的优势。如果能够获得供应链的支持，在价格和选品上只要稍微优于市场，他的中间商业务就有可能成功。

当他的客户累积到一定阶段时，例如每月盈利 5 万元，而开设一个小工厂的初始支出可能只需要一个月 5 万元，然后逐步投入资金。创业一定要有客源，但并不是有客源就能生存下去，而是产品的质量控制和管理能力过硬才能使企业取得成功。

因此，他可以一边继续做中间商，一边开设工厂。需要注意的是：要控制好两边的侧重，确保客户不流失。即当企业规模不大时，贸易业务占主导地位；当企业规模做起来后，自己生产的产品占主导地位，创业者需要灵活调配两边的业务。

如果直接开设工厂并生产成品后再销售，可能会面临理想与现实之间的残酷挑战。

8.2.2　是否要花大价钱买厂房

朋友从事制造业（小众产品，毛利率较高），企业属于非劳动力密集型企业。目前在上海租房生产产品，每年租房费用大约是 70 万元。朋友跟我说，现在有一个机会，在距离上海车程两小时的地方有一个工业园区正在开发，那里的厂房可以分割成独栋出售，且拥有双证。那里的厂房是两层的，价格为 3 900 元 / 建筑平方。

买一个独栋 2 000 平方米的厂房大约需要花费 800 万元，其中七成费用可以通过贷款来实现。我计算了一下，如果首付付 300 万元，贷款可以在十年内还清，那么朋友就能够得到一栋属于自己的厂房。

她问我，如果是我，我会不会买？我回答她，不买，理由有以下几点。

首先，厂房的租金一年才几十万元，花 300 万元去买厂房，更多的是为了博未来的升值或拆迁补偿。

其次，厂房的转让、过户等所涉及的手续要比住宅麻烦得多，所涉及的税费也很高。如果未来真的升值了，出售时的税费与写字楼也差不了多少。

再次，目前的生意能否一直持续下去呢？在深圳，出租厂房都存在空租和闲置的情况，如果生意不好做，就未必能永远满足工厂的需求。

最后，要问问自己：如果这个厂房不升值、不拆迁，这笔投资是否真的划算？综合以上这几点，我觉得如果没有更好的投资路径，或许购买住宅可能更容易脱手。

8.3　创业中常见的问题

找合格的工厂，开拓市场渠道，降低企业风险，保证自己利益最大化，听起来简单的问题，处理不好也非常棘手，来听听我的建议。

8.3.1　新的产品创业者，找不到合格的工厂应该怎么办

这个问题是许多初创企业都会遇到的普遍情况。

订单量较小，很多大厂家大概率是不会合作的，即使合作大厂的流程也会比较烦琐。因此，一般情况下，建议根据自己的订单量选择与其规模相当的企业合作。

作为新产品创业者，首先要找到与你规模相当的厂家，这样才能获得高度的合作度。小车间的质量品控并不是因为他们不想做好，而是这些都需要大量的订单来测试和改进质量。就像大医院一样，一个医生如果已经为 1 000 个患者进行过手术，那么他的技术和质量不用过多担心。而小医院的医生只接过两个相同病例的患者，过程中的很多症状他无法判断，自然技术和质量会让人有些担心。

如果你真正想在这个行业创业成功，不要把所有的希望寄托在大厂身上，而是要深入研究你所在行业的工艺、流程和生产过程。只有自己了解后，无论是大厂还是小厂，你都能做到心中有数，不会茫然无措。

这里建议，前期可以通过朋友介绍来寻找合作伙伴，因为行业内的朋友会有基本的判断力，根据你的产品参数和生产能力，知道与你匹配的公司有多少。如果自己寻找合作伙伴，可以提取出自己产品的关键参数，然后与需要寻找的目标厂家进行对比，看是否能够匹配。这样可以避免盲目地寻找合作伙伴。

如今互联网非常发达，特别是一些网上的资料鱼龙混杂，很多公司只有网上的信息，并没有实际的工厂。如果你对行业比较熟悉，通常只需要五分钟的交流就能了解对方公司的情况。当然，也有可能在这五公钟内就找到了真正合适的厂家。

实际上，真正找到合适的厂家需要自身对产品的了解以及对匹配厂家的了解。所以，多走访几个厂家后，多积累经验，就会掌握一些窍门。

一旦找到了真正的厂家，你需要学会与他们进行商务谈判，同时让厂家有信心与你建立长期的合作关系。因为，如果厂家认为你只是与其进行一两次的交易，那么他们对你的重视程度就会降低。另外，你对产品要有很强的质量控制能力，要制订标准并要求厂家按照标准出货，才能避免未来出现的质量风险。所以，作为一个新手创业者，一定要认真对待产品、认真研究行业、认真学习。

8.3.2　在不抢亲人生意的前提下，如何开拓市场

一位粉丝给我留言：他主要生产机械夹具，几个主要经销商是家里亲戚。他的大部分营业额都来自这些亲戚，他们不仅在网上和当地市场销售，还销售给其他经销商。面对这种情况不知如何突围。

面对这种情况，首先，这位粉丝的机械夹具应该是标准件，而非定制件。因此，可以考虑与配套厂家合作，以稳定客源并扩大销售渠道。

其次，建议这位粉丝在线上平台拓展业务，如阿里巴巴、1688 等电商网站。这将帮助你触达更广泛的客户群体。

再次，这位粉丝可以积极发展代理商，特别是在亲戚尚未涉足的地区。无论是工具类、夹具类还是模具类，专业市场上都有代理商存在。

然而，这位粉丝最大的风险可能来自他的亲戚，因为他的亲戚掌握了大部分的营业额。在市场好的时候，他的亲戚的贡献可能相当于其他人的总和；而在市场不好的时候，他的亲戚可能无法像正常生意人那样灵活应对。

所以，这位粉丝一定要比其他人更广泛地去铺市场，拥有更多的客户，这样才能将生意做大。

另外，如何避免代理商欠款的问题，这里建议要做好风险管控，尽量多开发代理商，不要过于依赖一家独大的代理商。如果有 100 家小代理商，每家销售五万元的产品，即使倒闭一两家也不会对生意有太大的影响。但如果只有 10 家代理商，每家销售 50 万元的产品，一旦倒闭就可能会对生意有较大的影响。

8.3.3　工厂变现四千万元，如何处理这部分钱

我的一位粉丝说："我今年三十出头，留学回国之后进入家里公司工作。父母是靠自己的努力做的外贸工厂，我做相关产品的内销开拓。目前一个上市企业资金很充裕，要买我们这个工厂，对方出价五千万

元，已经收到第一笔款项，下个月手续签字办好能收到全款。卖掉工厂之后，还贷款、遣散人工，最后能剩四千万元。但是后面怎么做还没有太好的想法。"

我身边很多年长朋友的独生子女都碰到过类似的问题。根据你提供的信息，我对你的资产配置建议如下：

（1）40%~50%的资金用于购置一线城市的优质房产，作为保值增值的资产。一线城市的房产无论涨跌，都能在银行获得稳定的现金流。

（2）20%的资金存入银行或购买国债，作为家庭的日常开支和父母的养老金。由于父母已经辛苦了一辈子，他们可能不会再进行高风险的投资，所以这笔钱可以作为他们的养老保障。

（3）20%的资金投资于各种优质的收益型产品，如保险、定投基金和优质股票等。建议你分散投资，不要把所有的资金都放在一个篮子里。同时，建议你学习一些基本的金融知识，或者委托专业的基金理财人员进行管理。每年进行复盘，如果遇到亏损，设置止损点并采取相应措施，不要一直放着不动。

（4）10%的资金作为你的创业启动资金。作为家族企业的接班人，你年轻且经验尚浅，但具备继承父母创业并发展的能力。在初期，建议先不进行大额投资，将资金滚动起来，如果有盈利再逐步增加投资。

（5）考虑到你是独生女，建议将以上资产都放在你或你父母的名下，以保护个人财产安全。

8.3.4　降低风险，如何将公司欠款转化为个人欠款

在现实中做生意时，我们经常会遇到债务问题。特别是一些公司规范度不高，金额也不大，但大家都需要合作时，规避财务风险显得尤为重要。

我们曾经开设了一家销售公司，专门销售工厂的低价产品。我们的目标客户主要是国内代理商和小客户。这些客户有些有公司名，有些是夫妻档口在商城里经营，公司规模都不超过十人。

这些公司偶尔会有欠款，欠款就会带来风险。一旦对方关门大吉，我们就需要打官司追讨债务。然而，公司之间的账目往往难以执行，因为赖账者可能没有可执行的抵押物。而且，这些欠款通常金额不大，从十几万元到几十万元。对方只需换个档口或公司名，就能重新开始经营。

多年来，有几个欠款的客户就硬生生地赖掉了我们的货款。那么，如何解决这个问题呢？

我是这么解决的。对方可以欠款，但操作方式要改变。例如，如果对方一个月只卖 20 万元的货，正常情况下是月结 30 天，以前的合作风险在于最后可能不给货款或者欠得更多。改变后的操作方式如下：

对方个人和我签订一份私人借款合同，在合同内不涉及公司的任何事宜，只是私人之间的借款，私人借款合同中包含对方的身份证信息和

备注的财产信息。然后公司与公司之间再签订一份合同，用这笔借款支付给我发货的货款，走完公司流程。公司收到这笔货款后，当对方再次出现赖账情况时，这张借条不仅可以与公司之间的债务脱节，还可以直接在对方所在地提起诉讼执行。这里需要注意，私人借款合同内的争议执行地址应为对方的所在地，如果写在你的所在地，当地法院是不会去异地执行的。

一旦走上诉讼保全程序，私人名下都有可执行的财产。现实中，很少有人会为了十几万元去更改房子、车子的所有权。当然，如果碰到这种情况，债权人也只能自认倒霉，只能限制对方的高消费。但是一旦发现借款人私人有财产，就有可以执行的空间。而如果是公司欠款，一旦公司关闭，就等于破产且无抵押物可执行。

通过这种方式，我们可以将一些异地客户绑定起来，大大降低不良债务的风险。如果将来双方合作顺利，交易金额增加，建议不要在同一张借条上记录所有的借款信息，而尽量分别记录。确保两张借条上的借款时间不要重叠，这样一旦出现风险，可以分别对不同的标的物执行。

此外，建议在借条上写上利息，并且让对方每个月固定支付给你。尽量避免将私和公扯在一起，处理起来的时间和复杂度会比想象中更麻烦。这也是我多年在生意场上付出真金白银换来的经验教训。

第 9 章

副业，从改变思维开始

换个角度看问题，
生命会展现出另一种美。
生活中不是缺少美，
而是缺少发现。
　　　　——奥古斯特·罗丹

我认为副业只要不与人的主业相冲突，就可行。我"打工"的时候经常进行投资，如果有机会肯定会抓住。现在，我有了自己的公司，即使我是领导，我也不限制我的员工做副业，前提是他们的主业工作完成得要出色，并且不与公司利益产生冲突。

9.1 想做副业，不是做不到，而是想不到

我工厂的一位老员工已经工作了近十年，一直以来都是从事美工类的工作。我们的工厂主要生产工业产品，与消费类产品相比，宣传和变化较少，因此他的工作量相对较少，工资也不高。

在一次与他聊天时，他告诉我，他打算辞职回老家。他认为做这样的工作虽然比较轻松，但很难获得高收入。我想留住他，因为我们这个行业的美工需要深入了解产品，如果再换一个美工，那可能无法准确地理解产品的重点。

前段时间，我们有一个展会，我让他在展会上寻找一些同行或相关行业的小型参展商，接受他们的第三方委托工作作为副业。由于他对产品的深刻理解和对技术参数和展品广告词的精准描述，他一下接到了四家公司的委托。

他非常开心，我也感到高兴，因为我在他的设计文档中可以看到更多产品投放到市场。因此，在职场上，想要做副业并不是做不到，而是

你没有想到能把什么工作作为副业，这才是最大的瓶颈。

9.2 兴趣班建立口碑后，取得的成功

我有一位朋友，她毕业于北大中文系，文笔非常优美。之前她在一家民企公司做中层管理，在孩子还小的时候，她加入了一个"妈妈群"，并经常在群里指导孩子们写作。

渐渐地，每到节假日，几个妈妈就会把孩子托付在她家，跟着她儿子一起学习写作。过了一段时间，这几个孩子的写作水平突飞猛进。更多的妈妈开始把孩子送过来一起学习。于是，她决定开设一个兴趣班，每周六和周日的上午和下午各上一节课。她收取的费用并不高。

几年后，她辞去了原先的工作，固定在家开设兴趣班。除了周六和周日排满了课程外，平时晚上也有课程安排。她在家的对面租了一个三室一厅的屋子作为教室，学员全是通过口碑相传而来，后来还拓展到暑假带班去旅行采风。家长和孩子都很开心。

这些年来，她平均一年的收入已经超过了一百万元。她的丈夫也辞了工作来给她帮忙。

这是一个属于无心插柳的收获，但成功的背后是她毕业于北大中文系的背景，再加上她的乐于分享和指导。一旦建立了良好的口碑，财富就会源源不断地涌来。

9.3 一个水果店，如何做到旺季利润100万元

这是我身边朋友的真实故事，故事发生在深圳的某个人口集中的区域。

朋友A加盟了一家生鲜品牌，拥有许多门店。一个夏天，他的一家门店就赚取了近100万元的利润，其中大部分利润来自西瓜的销售。这家门店是他在深圳市销售最好的门店，周围环绕着居民楼和写字楼。那么他是如何实现这样的业绩的呢？

第一，他以无偿寄卖的方式将西瓜提供给周围的小店、便利店和菜店。当时，深圳的西瓜单价为每斤2.98元，而他进货的价格是每斤0.7元，每次进货量都超过万斤。他以每斤1.5元的价格提供给小店，并在卖出后再收取费用（这些地方大多以单个西瓜为单位进行销售），每个小店一天可以卖出200个以上的西瓜，利润大约在100元~300元之间，而卖不出的西瓜则由他回收。

第二，在深圳上班的人喜欢叫外卖。他将西瓜切成小片，并与周围的各种外卖店铺合作开展活动，将小盒切片西瓜作为赠品。每盒大约有五片西瓜，并附上一张小卡片，邀请公司订购水果。当客户习惯了这种服务后，自然而然地增加了他水果店的外卖销量。几个月下来，他的其他水果也变得热销了起来。

第三，他定制了各种尺寸的餐盒，并购买了一台大冰柜。整个夏天，他将其他水果的进货量减少到最低量，主要销售西瓜。几个店员每

天将西瓜切好放入餐盒，插上精美的小叉子，一盒售价在 10 元 ~ 20 元。如果附近的便利店有冰柜，他们也会将西瓜餐盒送到便利店。他会优先选择位置好的便利店，给便利店提供 20% 的提成，每天能卖出几百盒。

第四，由于他自己水果店的货仓容量不够大，他与配送的品牌公司合作，根据销量直接将货物配送到他固定的几家便利店，省去了货仓的费用。一个夏天过去了，他每天能卖出超过一万斤的西瓜，减去各项费用后，每斤西瓜的纯利润约为七角。深圳的夏季很长，基本上有六个月的时间可以销售西瓜，因此他在一个夏天内通过卖西瓜赚取了 100 万元的利润。

此外，我还有一个做程序的老朋友，他知道最出名的水果公司的管理数据。他还分享了一些提高门店销售的小生意经：

（1）最好不要让客户自行挑选，而是将水果真空打包好出售，例如四个苹果或四个梨子。这样真空包装好后，客户无法购买较少的数量，其他水果也可以采用这样的方法。

（2）将利润最高的水果和平价水果进行组合装，打折销售。折扣最多定在九折，客户会认为获得了很大优惠，也带动了不同的消费群体。

（3）门店有权自行调整价格。在节假日期间，可调高 20% ~ 30% 的价格。但通常只调高高价水果的价格，低价水果的价格保持不变，以使客户觉得高价水果的价值所在。

（4）针对公司群体的需求，可以将几种水果切成果盘作为下午茶供应给公司，同时也可以分装成各种小盒供个人购买。深圳许多写字楼都有这样的需求，如果没有的话，可以创造需求并培养他们养成吃下午茶的习惯。即使领导们不太愿意接受这样的福利，但如果经常向人事和前台送水果，一般较好的公司都会采取这个福利措施。

9.4 开店铺，算成本更要做服务

小区楼下的水果店上个月重新开业了，经过打听，原来是新店主接手了原水果店铺。我去买水果的时候，和新店主聊了会儿天，在聊天的过程中我获取到以下几方面的信息。

（1）新店主并没有做过水果生意，其经验主要是原店主相授，且货源也是原店主提供。

（2）月租金6 000元，日销售额2 500元左右，节假日销售额3 000元左右，毛利达30%以上。

（3）两名店员月平均工资7 000元，固定支出2万元，再加水电和水果损耗等，一个月成本近2.5万元。

（4）水果品质一般，且家庭装较多。

根据我的测算，我给他提出了一些建议：

（1）按照上面的成本，毛利30%，一个月只能赚回一个人的工钱。

（2）水果品质一般，虽然进货单价低，但不建议与超市竞争，更不要做多个家庭装，需要创新生意思路，面向精准消费人群，搭配一点高档水果，这样可以让扩大消费群体。

（3）扫码支付的牌子要挂在显眼的位置，提供上门送货服务，这样可以牢牢增加小区内客户的粘性。

（4）至于损耗，水果不要堆太多，太多显得产品价位不高，压着或磕碰的概率也会增加，可以先储存至冰箱，卖完了再拿。

对于初创业的创业者，首先考虑的一定是成本，但服务也很重要，只有抓住精准客户人群，生意才会不断做大、做强。

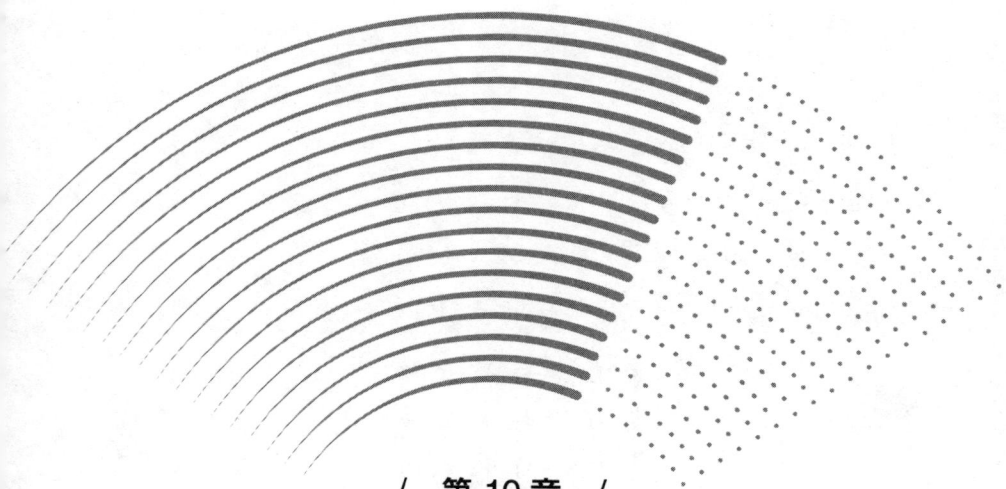

第 10 章

合伙人，需要重新定义

聚在一起是开始，
留在一起是进步，
一起工作是成功。

———亨利·福特

合伙做生意，就要赚到你想的收益，如果不想继续合伙了，必须选定时机急流勇退。在做生意中，谈分手是一门艺术。好的分手，不仅能让你获得收益，而且还能把关系继续维持下去，在未来某个时候，或许还会再次合作，曾经合作过的合伙人，可能会是更好的搭档。

这几点掌握好了，很多难以克服的合伙问题能解决掉一大半。

10.1　如何寻找创业合伙人

不要怕合作，在合作中遇到的所有问题都应有应对之策。合作最重要的是共赢，而不是为了设防。

10.1.1　寻靠谱人，做靠谱事

前些年，我的一位朋友经营着多家电子产品连锁店。有一次他来深圳，请我陪他去考察一个他要主力下单的供应商。这个供应商主要生产当时非常热门的平衡车。他们之前合作过几次，订单量不大，这次打算加大合作的力度。作为朋友，他希望我能帮忙把关。我去供应商的工厂转了一圈后，建议朋友不要与其合作。朋友问我为什么？我说外行人看热闹，内行人看门道。

首先，这个供应商的工厂只有一层楼，如果按照供应商说的出货量，根本没有足够的空间对产品进行老化测试。所以，供应商与朋友说的老化 12 小时根本无法实现，最多是充电放电各一次，在厂区跑一下就算检测完成了。

其次，在他们工厂内部的车间装配线上，各种内部配件、控制器和电池都堆放在一边，每个配件都舍不得做治具。整个装配线上既没有作业指导书，也没有在每一道工序完成后对产品进行检测。

再次，我发现这个供应商把大部分的钱花在相对不重要的外观上，而不是产品性能上。他们没有对产品系统全面检测，对原材料控制也相对松散，甚至在焊接时都没有对焊接点做隔缘处理。

所以，这里建议每位创业者，找人合伙做生意，一定要提前找行业内靠谱的人进行分析和评估。

10.1.2　合伙的智慧和经验

每次与他人合作开展商业活动时，我都会思考一个问题：如果没有他的参与，我是否还会选择这个领域？或者说，如果只有我一个人经营这个项目，收益是否会比我和他共同合作要少得多。

因此，每当遇到理念上的差异导致矛盾产生时，我会问自己：没有他，我能获得这笔利润吗？能实现我们共同合作带来的收益吗？如果没有他，我可能一年只能赚取 100 万元，但有了他，我们能够一起赚到 300 万元。这额外的收益，正是因为与他的合作而产生的。

有些合作是因为对方缺资金邀请我投资的，除了资金投入外，我在其他方面并没有为合作项目创造价值。对于这种我只提供资金的合作关系，我通常会让利 5%~10%。例如，如果我们各自持有 50% 的股份，我仍然会按照约定出资。但在分配利润时，我会让他获得 55% 或 60% 的收益，让对方多赚一些。

我是这么考虑的：

首先，这样可以避免合伙人因利益分配问题产生冲突；

其次，这样有助于使合作关系更加长久稳定。

在合作中，最重要的是看到对方的长处和优点。如果在管理理念上存在分歧，那就要看合作效益如何。只要合作效益持续提升，就应该认可对方的管理模式。

10.1.3 找不到满意的合伙人，怎么办

一位粉丝跟我说，她之前与他人合作从事跨境电商业务，她负责公司销售和产品的研发升级，合作伙伴则负责生产和工厂的日常管理。然而，合作伙伴一直无法适应工作状态。由于公司事务繁忙，她无暇顾及工厂的管理，导致小工厂在生产管理方面存在严重问题。

今年，她的合作伙伴决定彻底放弃工厂，这给她带来了很大的困扰。她考虑过招聘职业管理者来接管工厂，但具备工厂管理经验的人才通常年龄较大，她又担心无法顺利与他们合作。

我听了这位粉丝的话后，深有同感。只有亲身经历过工厂运营的人

才知道，每天都会有不同的问题，今天解决了这个问题，明天又会出现另一个问题。而且，在工厂工作往往让人感到缺乏成就感，因为每天都在解决各种问题。

这位粉丝的主业和优势是电商领域，她在这一块表现出色。然而，正如她所说，如果没有灵活的供应商支持，她自己主推产品的销售面就会受到限制。我有许多做电商的朋友也遇到过和她一样的情况。有些人因为看到某产品的需求量大而开设了工厂，有些人则因为担心供应商知道自己的利润而开设工厂，还有些人是因为受制于供应商而开设工厂。

然而，最终的结局大多是九输一赢的局面。虽然开设工厂的初衷是好的，但术业有专攻。你会做生意并不意味着你也会经营工厂。而且，现在的年轻管理者中，很多人从未去过工厂，缺乏对生产流程的了解和对产品质量的把控。就像建房子一样，如果你的地基不扎实，怎么能建造好房子呢？

我给这位粉丝提了一些建议，具体如下：

首先，你需要明确，你能够发挥优势的领域，就是电商领域。你应该将精力集中在你的长项上。

其次，如果招聘职业管理者来管理工厂，而你自己不参与其中的话，很难达到你预期的效果。除非你像我一样，多年来一直在工厂工作，所有的流程、标准和制度都是我自己建立的，管理者只是制度的执行者。然而，你在这方面的能力还有所欠缺，所以完全交给别人管理会存在很大的风险。

从目前的情况来看，你对合伙经营的信心不足。那么你可以考虑一下，如果放弃这家工厂，会损失多少收益？如果招聘一个合伙人来共同经营，是否能降低损失并满足你的需求？

是否可以考虑将工厂前期做一个打包结算，然后招聘一个合伙人来共同经营？这样或许既能满足你的生产需求，又能让合伙人有能力开拓业务或增加营收。说实话，如果你只招聘一个合伙人来负责生产你自己的订单，这样的合伙人是很难找到的。

我非常理解你对没有工厂的担忧以及拥有工厂带来的负担。所以，你需要权衡利弊，是否可以将工厂仅作为自己的加工厂使用，而将其他富余的资源交给有能力的人去发挥？这样既能保证双方的需求得到满足，又能实现长期稳定地拥有一个合伙工厂。

10.1.4　如何建立合伙人的权责利制度

一位粉丝和朋友合伙开了一家美发店，他们享受着自由的时间安排和多劳多得的待遇。然而，他们面临着一个问题：缺乏领导核心，加上获得了一些收益后开始变得松懈，对客户挑剔，并在成本和一些小问题上发生冲突。

我向他们建议，建立一套制度来解决这个问题。这套制度应明确合伙人的权益和责任，既然大家都是合伙人，那么这家美发店的兴衰与每个人都息息相关。

具体来说，可以以月、季度或半年为单位，每个合伙人轮值作主管，负责分配好每个细节，包括上班时间、推广、卫生、成本等。主管可以从总收入中拿出一小部分作为额外奖励。谁在职期间各项成绩有所提升，就可以连任一次。表现差的则不再担任主管职务。

此外，还可以设置一些奖励机制来吸引新客户或保留现有客户。例如，如果原来的理发师提成是 10 元，可以增加 20%，即 12 元一位。这样新顾客的体验感会更好。

对于未来的规划，建议每个月的收入留取 10%~30% 作为发展提留费用，不进行分配，放在账上作为大额开支的备用金。这样一来，既保证了美发店有发展资金可用，又让每个合伙人都能共同承担一部分风险。

10.1.5 不要怕合作，合作中的所有问题都有应对之策

有粉丝提问：他们想在电子行业找一家公司合作，并建立一个新的公司来进行地区推广和销售。他们想知道如何顺利运营和管理这家公司。

实际上，这就是开设一家销售公司的问题。如果选择合伙经营，则需要考虑该公司是否提供产品。如果提供产品，可以充分利用朋友公司的销售能力和渠道，这是一种互补的模式。

经营模式应该是双方明确自己的优点并进行定位。公司的股份和运营费用是各自承担一半还是按比例分配？销售提成、客户回款以及资金占用的计算方式是什么？合伙公司是否需要你投入资金购买产品？还是他们提供产品，你们只负责销售？

有几种模式可供选择：一种是有产品的公司提供产品；二是合伙公司出资购买他们的产品。我倾向于第一种模式。

合作最重要的是权责利的明确划分。一是每个人需要的权，也就是管理权的细分是否互补互成；二是责任，双方需要承担什么责任，能否承担得起；三是分利，能得到什么利益，如何分配，何时分配？这些都是重点。

还有一个重点是，要提前签订退出机制。一旦一方退出，是否会对另一方的利益造成损害？很多人在合伙后最终发生纠纷，是因为一开始没有签订相应的退出机制。例如，设定某个时间点，如果亏损或者一方的能力无法满足需求导致需要退出，那么退出的比例和阶段是怎样的。

10.2　寻找什么样的合伙人

在合伙的过程中，我也经历过以上权责利的分配问题，遇到过合伙人的误解和纷争，甚至遇到因为股份相当而引发的控制权争夺。合伙人中，有的是行业大咖，有的是创业公司的业务经理。你们遇到的大多问题，我都遇到过，但还是要相信"一个人走得更快，但一群人走得更远"。

10.2.1　和年长的人合伙要开诚布公地谈事情

如果与年长的人合作，要明确一点，即你并非他的下属。你可能比较年轻，合伙人比你年长，至于怎么把握好这个度，需要你自己去体会。

在合作中，应该制订明确的权责利合同协议来规范双方的行为。每个人都应该清楚自己的职责和负责事项，并将其一一列出，包括一些容易引起争议的问题和双方都比较关注的问题。

我以前也与年长的人合作过，有时候会有种打下手的感觉。我后来一想，如果合作能够带来更多的利益、资源和经验，那么一些情绪上的付出和得失就不应该过于计较。

在合作中，应该经常与合伙人进行坦诚的沟通，能确定的事项应该以书面形式或通过微信记录下来。有的年长者可能对细节会比较关注，那合伙双方就勤沟通。

10.2.2　一个人走得更快，但一群人走得更远

"一个人走得更快，但一群人走得更远"这句话适用于各种合作、合伙。熟悉我的人都知道，除了我的两个工厂和公司长期合伙外，二十年来我与十几个合伙人合作过，他们来自不同的行业，经营着不同规模的生意，合作时间也长短不一。

我特别喜欢与人合伙做生意，不喜欢单打独斗，这是为什么呢？因为一个人无论在哪方面多么优秀，也不可能在所有事情上都能做到完美。互补才是合作之道，就像婚姻一样。

如果我懂业务，就会寻找一个有技术能力的合伙人；如果我有资金

并想进入新的领域，就会寻找一个在该领域中懂行但缺钱的合伙人。每个生意都像一个圆，而你只是其中的一部分，可能是半个圆、三分之一个圆或四分之一个圆。只要找到匹配、对称的合伙人，这个圆才能完整。

很多人一想到合伙生意，就会想到对方的欺骗和背叛，担心小股东的权利被大股东架空，导致无法发表自己的意见，或者有技术的合伙人担心有钱的股东会剥夺他们的权利。

如果大家没有共同的目标和努力的方向，就会互相防备，这样的合作关系是无法长久的。

在我二十多年的制造业工作经验中，大型企业的客户涵盖了深圳一半以上的制造业工厂。在我创业的两个工厂的管理过程中，我与几百家配套供应商有过合作。根据我的观察，合伙制的比例占到了90%。所以，我认为只有团结合作，才能实现发展壮大，而单打独斗往往会顾此失彼。

10.2.3 合作中，需要两个人一个是红脸一个是黑脸

在合作中，需要两个人分别扮演"红脸"和"黑脸"的角色。

举个例子，我的合伙人今天对团队成员说："我的要求很高，如果被我批评了，不要放在心上，我是对事不对人的。"而我则会面带微笑地跟团队成员说："没关系，我不会随意批评你们每个人，只会指出你们所做的错事。"

这样，我们两人就分别确立了自己的角色。

曾经有一个女孩在我手下工作，每当我批评她时，她的眼圈就会发红，情绪低落。尽管她在试用期内表现不错，但我还是让她离开了。如果不在本职岗位上积累两三年的经验，很难做到事事都能得到领导的表扬。大学生毕业参加工作后，不应该指望别人来安抚你的情绪并哄着你开心工作。

10.2.4　只投资金钱的合伙人是合适人选吗

我的一位朋友 A 最近新开了一家供应链公司，另一位朋友 B 想通过我的关系投资 A 的这家供应链公司。于是我试着向 A 了解了这家供应链公司的经营情况。

朋友 A 跟我说："B 可以投资，投资完后就是合伙人，但他不需要参与公司的任何事情。"

朋友 A 的想法，在我看来是有问题的。如果投资方只负责出钱，而不参与公司的实际运营，那么一旦亏钱，投资方和创业者就会互相埋怨。如果公司赚钱了，创业者又可能会感到不甘心。

因此，一般情况下，做生意选合伙人时，最好不要单纯以投资金钱为衡量标准，而应尽量选择能对自己起到互补作用的生意伙伴，能在市场、管理、生产等方面相互补充，好比打羽毛球双打一样，两人配合默契，步调一致，这样才能实现共赢。

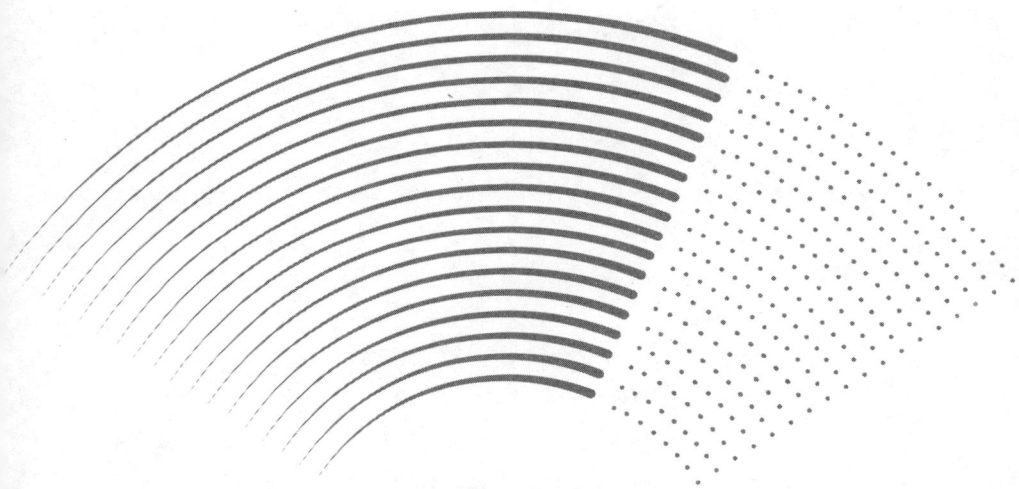

第 11 章

未来的你，是卓越的领导吗

管理是正确地做事；
领导则是做正确的事。
　　　　——彼得·德鲁克

做管理其实是一门学问，面对 70 年代的人，或是 80 年代的人，再或是现在的 90 年代的人，甚至是 00 年代的人，管理和沟通的方式完全不一样。比如，对于 70 年代的人，我更注重融入他们，与他们打成一片；面对 80 年代的人，我更聚焦于团结核心骨干；面对 90 年代的人，我更倾向于通过团队来进行沟通。

11.1 管理中的问题知多少

管理是一门学问，每一家公司的管理模式都不尽相同。

11.1.1 做管理其实是一门学问

在我初次创业时，我负责管理一家接近 30 年历史的工厂，员工人数接近 200 人。那个时候的员工非常易于管理，大部分都是"70 后""80 后"，有些职位的员工年龄比我还大几岁。我们像兄弟姐妹一样相处，气氛活跃，上下级之间的沟通也没有任何障碍，大家都能坦率地表达自己的想法。

前几年，我全权负责 B 工厂，员工人数接近 600 人，全部都是"85后"。这时，代沟就出现了，除了我身边的助理和总经办的几个人外，基本上和其他部门没有太多的直接沟通，也不存在越级交流的情况。因此，我身边的这几个人成了关键的管理者，他们负责与其他部门进行协助和沟通工作。

现在，我公司的员工都是"90后"。除了我的助理之外，基本上没有人主动来找我，他们表示与我的代沟太深了。

有一次，财务部门向我反映，某业务经理用一张白条充当报销单。这个制度的漏洞是我造成的。因为有时候事出有因，特别是紧急出差、招待或者无法及时获取发票的情况下，我允许业务经理每月可以用一次白条进行报销，金额要在3 000元以内。

本来这是为了方便特殊部门的工作而设立的规定，一般情况下很少有人会使用。但有段时间，有一个业务经理频繁使用这一规定，财务部门认为他在钻制度的空子。

我也觉得这位业务经理有问题，于是，在后续的职能业务板块中，我逐渐削弱了这位业务经理的决策权。作为一个管理者，应该带头完善制度，而不是选择不停地利用漏洞给财务和其他员工带来隐形的负面影响。

而这点也是在管理中筛选人要考虑的考核细节之一。其实，我的管理风格是张弛有度的，恐担心太紧了会导致大家感到束缚并产生抱怨，太松了则会导致公司管理失控。所以，在完成大项目，我会要求尽可能地控制好推进节奏，特别是涉及财务方面的问题时，既不能让员工觉得过于受限，需要留有一定的灵活性，又不能让漏洞太大，以免造成损失。这个度真的只能根据自己公司内部的情况来灵活调整。

11.1.2　对公司助理有哪些要求

在品质要求中，忠诚至关重要。

在技能上，需清楚了解自己的岗位职责，并能在工作中举一反三。不仅要完成当下的任务，还要能够将当前的工作与前后事项进行良好的衔接。同时，对其他部门或相关人员的协作也能积极参与，提供有价值的建议，具备未雨绸缪的思维意识。

在态度上，要绝对拥护领导，以领导或公司的利益为核心。工作中，始终以领导或公司的目标为导向，确保个人的思想观念与领导的核心价值观保持一致。

在习惯上，要从领导或公司的角度出发思考和处理问题，避免思维层面相差太大。与领导的核心价值观保持紧密联系，以确保工作的高效性和准确性。

在自我定位上，要成为领导的左右手，从这个角色出发，能够更好地完成各项工作任务。

11.2　裁员的判断方式

对于职位高的人员，又是在一个行业里，上下家的口碑很重要，公司在考虑裁员时会相对谨慎。对于不重要的岗位，公司会马上批准。对于那些说不同意马上离开，然后通过走仲裁的员工，虽然看起来很爽，但现实中没有几个尽人意的。因此，寻找双赢的解决方案永远是重点。

11.2.1　员工离职，管理层不批怎么办

有些员工向公司提出离职，但公司一直拖着不批。

通常情况下，公司不批准员工的离职申请，原因可能是该员工的岗位非常重要，他比其他员工更适合这个岗位；或者公司没有合适的人来立即接替他；又或者该员工手上的工作一时半会无法停止，他的离职会对公司产生影响；还有一种情况是该员工的薪资相对较低，招聘新员工的成本会远高于他。以上这些也是我通常不批准离职申请的原因。

如果想要快速离职，就需要采用一定的方法。比如，在写离职报告时，要尽量客观地说明自己的原因。有些人真心想离职，但他们写的原因含糊不清。从领导的角度来看，如果下属稳定且能胜任，领导大概率会挽留。所以如果你真心想离职，首先要在离职申请中表明决心，最好能清楚地列出你的工作交接事项，尽可能地写明领导要批准你离职的具体原因。例如，企业如果担心找不到合适的人接替你，你可以推荐某人；如果项目受到拖延，你可以提出一些解决方案。

如果下定决心要离职，就将离职申请每周通过邮件发送一次，并抄送给相关的上级。此外，在邮件中要明确说明你打算离职的时间。比如："我在 9 月 1 日提出离职申请，计划于 9 月 30 日正式离职。届时请

准时办理交接手续。"按照这样写离职申请，既能保证工作交接的顺利进行，又符合法律法规的要求，企业通常会同意你的离职。

当然，离职也要考虑企业对你的使用成本。如果手上确实有项目需要延长时间完成，你与企业可以商量一个合理的离职时间。很多时候，企业不愿意让你离职是因为担心成本增加，比如项目年底才能完成，而你中途离职，这对企业会很不利。所以，达成双赢的结果才是最重要的。

11.2.2　辞退员工或者到期不再续约的一些想法

辞退员工或劳动合同到期不再续约是企业的正常经营行为。只要符合法律法规，并兼顾企业和员工的平衡需求，大部分公司都是按照规章制度办事的。在我们公司，不再续签的员工我们会提前通知，并在合同到期时按照法规进行相应的补偿。

对于企业希望快速解雇的员工，在我全权管理时，我会立即通知员工离职，并提供应得的补偿。为什么不让员工多留下来一段时间来交接工作呢？对于企业打算解雇的员工，企业应该能够承担相关的损失。既然决定解雇该员工，就代表该员工的能力与公司的岗位要求存在一定偏差，多留一段时间没有多大意义。而且，每多留一天，都可能增加潜在的风险。

因此，我的公司里，基本上不存在为难员工的情况。公司有几百名员工，每个月发放数百万元的薪资，所以支付一名被解雇员工的工资对公司而言是可以承受的。在我经营公司的这些年里，我看到 99% 的员工内心是想好好工作的，只有 1% 的员工因为能力不足或行为不端才会被解雇。

无论是员工被领导解雇还是员工解雇领导，都是法律支持的双向选择。被解雇并不代表你本人有问题，只是说明你不适合当前这个职位而已。同样地，解雇领导也不代表企业不好，可能是你不适合在这个企业工作。所以，面对这些情况，企业经营者和员工应该对这些事情保持冷静和客观的态度。

11.2.3　企业面临会裁员的预判，管理层如何决断

我们的企业在面临转型时，也曾遇到低谷。当时我们犹豫不决，不知道应该选择裁员减负还是降薪。因为有两条产品线的项目准备放弃，重新开始新产品的研发。我们无法确定低谷的时间点是一个月、三个月还是半年。

我的采购主管向我提出了一个建议——由于工作量下降，采购员建议从七个减少到五个。当时我们按照产品线的供应链来定岗，包括主控、电子料、包材、外壳、线材、辅料和外发等，每个采购员负责一个岗位。

没过多久，他向我递交了两个采购员的解雇书，将七个人的工作量压缩到了五个人身上。这一举动促使我加快了裁员的速度。

没过几个月，新项目上线后工作量开始增加，他提出将解雇的两个采购员中的一个人的薪水加到现有的五人身上，这样平均每个人的工资增加了 1 000 多元。我毫不犹豫地同意了他的提议。

对于这个采购主管，我非常看重，欣赏他的点有以下几个：

（1）在工厂刚刚进入低谷期时，他迅速提出精简人员的建议。同时他也明白一旦裁员，他们部门肯定也会受到影响。

（2）他采取了丢卒保车的策略，一旦裁员，精简的人员不一定是他指定的人员，可能是其他人，甚至可能是他自己。他迅速采取行动，不让公司有选择的余地。

（3）一旦工作量上来后，他找准时机立即给员工申请加薪。他的加薪理由合理且有依据，将精简的两个人中的一个人的工资分配给了整个部门。如果他提出要两个人的工资加到部门，作为领导，我肯定会考虑将解雇的那两个采购员再召回。

（4）他的行动起到了带头作用，其他部门的主管也纷纷递交了裁员名单。公司从 600 多人精简到 500 多人，他的带头作用使得公司内部员工的抵抗性非常小，所有离职员工都按照正常工资的 N 倍赔偿结算。

通过这一系列的举措，这个采购主管在公司得到了高度的评价。他能够事先预判局势并快速做出反应，了解工厂的实际需求，不仅为自己部门争取了福利，也让公司高层觉得他忠诚可靠。

作为部门的领导，如果你的企业面临裁员的预判，你也可以参考以上案例来做出决策。

11.2.4　各奔前程时，要学会祝福

从我创业开始，我跟公司的人力资源部门就讲好了一条原则——如

果有人要走，一定不要为难他，该给的钱不要截留。员工有时候在离职期间"摸鱼"也能理解，心都不在公司了，就让他们早点走。

话虽这么说，但是对于有能力的员工离职，我内心还是有些不忍的。前段时间，公司因为类目调整，电商类目要裁撤，原电商类目的员工要合并到其他类目，其中一名比较资深的员工向人力资源部提了离职申请。

人力资源部向我汇报这一情况时，我脑子里梳理了一下，这名员工平时工作认真负责，给我的印象不错。于是，我建议人力资源部尽量挽留一下。人力资源部和这名员工在聊的过程中，发现这名员工的目标比较清晰，还是想到能够发挥自己优势的平台工作。虽然有点遗憾，没能留住他，但我还是给他支持和祝福。山不转水转，真正做企业的人，都很爱才。如果他能在更高的平台实现自己的价值，一定是以之前的工作积累为铺垫和支撑的。所以，我的祝福不仅是对这名员工工作的认可，更是体现了一个企业的企业文化。

11.2.5　单位负责人想逼你走怎么办

某天晚上，一个亲戚跟我说了一件事情。他说他们公司的负责人 A，为了逼走员工，制定了很多苛刻条件。我问亲戚："现在你们公司业绩如何？"他说："今年没有赢利，A 是新入股一年多的股东，刚全盘接手就碰到公司业绩下滑，可能心里有气发泄不出来吧。"

他还说："很多员工受不了就提出了离职，转头负责人用较低的薪酬招了一些新人进来，用这个方法降低成本有点不太妥当。"

做生意时好时坏，这是正常现象，需要看企业经营者怎么想。2020 年 3 月初，我根据财务收支情况预测公司下属的软件公司接下来会亏损。4 月，我就按《劳动法》的相关规定给员工发放补偿金，把所有员工解散了，员工们对此表示理解。所以，企业经营者与其天天抱怨，不如好好想想有什么好的业务可以做。

亲戚很紧张，让我帮他想办法，怎么避免被领导骂？我说："如果你不想离职，你可以把领导的行为理解为更年期的反应，你工资的一部分可以当成包含了一部分'委屈费用'。只要他不进行人身攻击，责骂权当是一种历练吧。"

11.3　聪明的领导这样做

对下属，对客户，对供应商，都应本着合作共赢的态度看问题，相互信任才是关键。

11.3.1　配件商给采购主管送礼，一定要守住底线

2019 年春节放假前的几天，我临时从采购部主管的桌上拿了一盒茶叶，并给采购部主管发了条信息："救急，桌上的茶叶先借我用，下午买了还你。"采购部主管回复："我桌上没记得有茶叶呀！"我拍了张

图发给了他，随即打开了茶叶的外包装，却发现在盒子侧边有一张纸条包着两张购物卡。纸条上写着"祝节日快乐"，落款的公司是我们的一个核心配件商。

第二天，我给这个配件商的张总打电话，说放假前准备去各个供应商朋友那里坐坐。我们把见面地点约在了他的办公室。和张总聊了半天后，我说："有点东西要送给你。"我从包里掏出了那盒茶叶，对张总说："明白你们是不得已而为之，但是这让我很为难。

"首先，我的采购主管在我的公司已经工作了好几年，各方面都值得信任。你的行为让我误认为他是向你索取回扣。如果你主动给他钱，他很难不对你有所偏袒。我明白生意难做，但是如果有什么难以沟通的问题，我们之间可以直接对话。要不是我在无意中发现，我还真的不知道这件事。"

我这样说，是为了给对方一个台阶下，也不是来追责，而是来了解供应商是不是有什么苦衷。毕竟，要引进一个供应商，我们从认证到量产，至少有半年以上的考察期。我又说："如果咱们配合得好，我们来年肯定会把更多的业务往你这边转。但是如果他收了你的钱，性质就变了，他可能会向你要更多的钱。你的产品毛利率只有 10%，你认为你能支撑让更多的利作为给他的回扣吗？"

张总连连点头说："下次我们有什么事就直接沟通。"后来我把这件事告诉了采购主管，他很诧异，并跟我说："在诱惑面前，我们一定要守住自己的底线。"

我相信，在工厂单价合适和平等的采购条件下，只要大家思想一致，行动一致，公司和供应商就会向更好的方向发展。

11.3.2　客户下大量订单，如何保证后续的收款

朋友的工厂在特殊时期，订单暂停了。但是从今年开始，客户陆续下了很多订单，都是货物到达客户仓库一个半月后才付款。然而，朋友经过与律师沟通后，担心这种下单没有任何保障。他问我该怎么办？

如果想要保住客户继续合作，我觉得可以这么做：如果客户下了十万元的订单，工厂可以先赶制一万元的货物，并告知客户正在制作十万元的货物，同时收回一万元的资金。对于其他九万元的订单，暂时不购买物料。即使有损失，也只是客户订单的十分之一，应该可以承受。

完成这一单后，可以向客户解释当前市场因为特殊情况的原因，需要现金购买物料，资金比较紧张，请他理解并支付订金。如果客户不愿意支付订金，可以考虑分批制作货物并陆续发货，以降低损失。

我的朋友在听了我的想法后，无法承受这种风险，最终选择放弃这些订单。

11.3.3　人员在职期间，私开店铺卖与公司相同的产品，如何处理

对于外贸业务员在职期间，私自开设店铺售卖与公司相同的产品

（业务员私下从其他供应商采购）的行为，如何处理最佳？

这个问题长期存在，我也曾经遇到过。建议可以从两个方面来考虑：

首先，作为领导，你需要思考一下这个业务员是否对你的销量和利润有持续的积极贡献。如果抛开他私自销售的问题来看，你仍然觉得他是个有价值且希望留住的员工，那么可以采取一种审慎和观望的态度。

具体来说，你可以先不急于与他进行谈判，而是站在一个更客观的角度观察他的行为，评估他的行为是否对你的客户和供应商体系造成了影响，以及他是否在工作时间处理与公司无关的私人业务。

如果他确实存在以上情况，你可以与他进行一次谈话，理解他想要赚取额外收入的愿望，但同时也要让他明白主次之分，将工作期间的主要精力放在公司事务上，业余时间可以进行一些副业活动。但是，这些副业活动不能对客户和供应商体系造成任何冲突。

如果没有冲突存在，或许你们还可以考虑资源共享的方式，以实现双赢。但在这个过程中，确保公司利益和客户关系的稳定是至关重要的。通过这种方法，你可以在不损害利益的前提下，为员工提供更多的发展机会和收入来源。

笔记栏